中华复兴之光
万里锦绣河山

大美地质景观

冯 欢 主编

汕頭大學出版社

图书在版编目（CIP）数据

大美地质景观 / 冯欢主编. -- 汕头 : 汕头大学出版
社，2016.1（2023.8重印）
（万里锦绣河山）
ISBN 978-7-5658-2378-7

Ⅰ．①大… Ⅱ．①冯… Ⅲ．①地质－自然景观－介绍
－中国 Ⅳ．①P942

中国版本图书馆CIP数据核字(2016)第015647号

大美地质景观　　　　　　　　　　*DAMEI DIZHI JINGGUAN*

主　　编：冯　欢
责任编辑：汪艳蕾
责任技编：黄东生
封面设计：大华文苑
出版发行：汕头大学出版社
　　　　　广东省汕头市大学路243号汕头大学校园内　邮政编码：515063
电　　话：0754-82904613
印　　刷：三河市嵩川印刷有限公司
开　　本：690mm×960mm　1/16
印　　张：8
字　　数：98千字
版　　次：2016年1月第1版
印　　次：2023年8月第4次印刷
定　　价：39.80元
ISBN 978-7-5658-2378-7

前　言

　　党的十八大报告指出："把生态文明建设放在突出地位，融入经济建设、政治建设、文化建设、社会建设各方面和全过程，努力建设美丽中国，实现中华民族永续发展。"

　　可见，美丽中国，是环境之美、时代之美、生活之美、社会之美、百姓之美的总和。生态文明与美丽中国紧密相连，建设美丽中国，其核心就是要按照生态文明要求，通过生态、经济、政治、文化以及社会建设，实现生态良好、经济繁荣、政治和谐以及人民幸福。

　　悠久的中华文明历史，从来就蕴含着深刻的发展智慧，其中一个重要特征就是强调人与自然的和谐统一，就是把我们人类看作自然世界的和谐组成部分。在新的时期，我们提出尊重自然、顺应自然、保护自然，这是对中华文明的大力弘扬，我们要用勤劳智慧的双手建设美丽中国，实现我们民族永续发展的中国梦想。

　　因此，美丽中国不仅表现在江山如此多娇方面，更表现在丰富的大美文化内涵方面。中华大地孕育了中华文化，中华文化是中华大地之魂，二者完美地结合，铸就了真正的美丽中国。中华文化源远流长，滚滚黄河、滔滔长江，是最直接的源头。这两大文化浪涛经过千百年冲刷洗礼和不断交流、融合以及沉淀，最终形成了求同存异、兼收并蓄的最辉煌最灿烂的中华文明。

五千年来，薪火相传，一脉相承，伟大的中华文化是世界上唯一绵延不绝而从没中断的古老文化，并始终充满了生机与活力，其根本的原因在于具有强大的包容性和广博性，并充分展现了顽强的生命力和神奇的文化奇观。中华文化的力量，已经深深熔铸到我们的生命力、创造力和凝聚力中，是我们民族的基因。中华民族的精神，也已深深植根于绵延数千年的优秀文化传统之中，是我们的根和魂。

　　中国文化博大精深，是中华各族人民五千年来创造、传承下来的物质文明和精神文明的总和，其内容包罗万象，浩若星汉，具有很强文化纵深，蕴含丰富宝藏。传承和弘扬优秀民族文化传统，保护民族文化遗产，建设更加优秀的新的中华文化，这是建设美丽中国的根本。

　　总之，要建设美丽的中国，实现中华文化伟大复兴，首先要站在传统文化前沿，薪火相传，一脉相承，宏扬和发展五千年来优秀的、光明的、先进的、科学的、文明的和自豪的文化，融合古今中外一切文化精华，构建具有中国特色的现代民族文化，向世界和未来展示中华民族的文化力量、文化价值与文化风采，让美丽中国更加辉煌出彩。

　　为此，在有关部门和专家指导下，我们收集整理了大量古今资料和最新研究成果，特别编撰了本套大型丛书。主要包括万里锦绣河山、悠久文明历史、独特地域风采、深厚建筑古蕴、名胜古迹奇观、珍贵物宝天华、博大精深汉语、千秋辉煌美术、绝美歌舞戏剧、淳朴民风习俗等，充分显示了美丽中国的中华民族厚重文化底蕴和强大民族凝聚力，具有极强系统性、广博性和规模性。

　　本套丛书唯美展现，美不胜收，语言通俗，图文并茂，形象直观，古风古雅，具有很强可读性、欣赏性和知识性，能够让广大读者全面感受到美丽中国丰富内涵的方方面面，能够增强民族自尊心和文化自豪感，并能很好继承和弘扬中华文化，创造未来中国特色的先进民族文化，引领中华民族走向伟大复兴，实现建设美丽中国的伟大梦想。

目　录

南方地质

中部地质

北方地质

东南地质

　　广东韶关东北丹霞山以赤色丹霞为特色，由红色沙砾陆相沉积岩构成，是世界"丹霞地貌"命名地，在此设立的"丹霞山世界地质公园"为我国世界地质公园之一。

　　我国的丹霞地貌广泛分布在热带、亚热带的东南湿润区、温带湿润和半湿润区、半干旱和干旱区以及青藏高原高寒区等。

　　我国东南部地质结构复杂多样，其中著名的地质景观有上饶灵山、佛子山、玉华洞及桃源洞鳞隐石林，这些景观奇特，山水相间，风景秀丽，是我国东南地质风景区的典型代表。

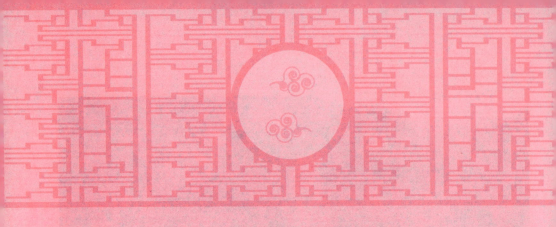

山水盆景——佛子山

　　佛子山风景名胜区位于福建省政和县城东部的外屯乡境内。景区位于武夷山东南麓，处在环太平洋大陆边缘构造岩浆带中的我国东南沿海中生代火山岩带，是火山猛烈爆发的产物，景区地质遗迹类型多，地质环境奇特，它以高耸的峰丛、巨大的崩塌堰塞、完整的火山

复活剖面、完好的遗存展现在人们的面前。

佛子山景区面积137平方千米，由地下、地面及立体空间组成，东至旺楼，西至蛙岩，北至铜盆山，南至镇前鲤鱼溪，分为狮峰核心景区、旺楼二级景区、七星溪二级景区、铜盆山景区。狮峰核心景区又划分为狮子岩景区、笔架山景区、佛子岩景区、天生岩景区、磐石景区等。

佛子山风景区突兀而奇特的地质景观堪称华东一绝。178米高罕见的狮峰巍峨险峻，翘首云天、形神兼备，狮峰周围有成片原始次生林，自然环境优美，峰顶是绝佳的观景台。

景区的标志性地质景观佛子岩，巧夺天工、惟妙惟肖。因其与夫妻岩的组合中极像佛家弟子而得名，周围奇峰林立，植被丰茂。

险峭峻拔的笔架山临坡面崖高230余米，因峰峦酷似笔架而得名。这里山峰耸立，峭壁悬崖，地貌奇特。笔架山林木茂盛，古树葱郁，

从不同角度解读此峰，景色更为美妙。除了上述3座主体山峰外，其他山峰、岩石、石洞等景点还有43处。

佛子山风景区的峡谷与溪、瀑、潭、湖景观让人心旷神怡。梅子坑百米瀑布垂高百余米，水从绝壁断崖顶冲出，犹如白练长垂、银河挂落，有崩云裂石之气，锐不可当；隆隆之声，尽显大自然磅礴之势。下有深潭，潭水翠绿，碧波荡漾。

位于狮峰景区中的佛子岩景区中的三级瀑布，由崖顶呈三级往山底潺潺而下，周围植被茂密，仿佛大自然在鸣迎宾之曲。蛙岩瀑布宏伟壮观，在巨石间飞泻而下，层层叠叠，变幻多姿。

七星溪贯穿佛子山整个风景区，集雨面积达150平方千米，河道水量极大，水流平缓，河道水深，水质清澈。沿河两岸河堤柳浪闻莺，鸟语花香，竹林片片。

佛子山风景区内云海、雾涛气势磅礴、变幻莫测，四季皆宜。每当旭日东升或夕阳西下，常见万顷云海涌起，澎湃翻腾；而由于地势东高西低，佛子山晚霞景观更为壮丽多彩，云彩时而水晶般晶莹，时而如烈火般燃烧，奇峰变幻不定，天地融为一体。严冬时节，狮峰景区偶有降霜和下雪，此时，海拔1千米以上的高山雪白晶莹一片，树枝倒挂冰凌，树林常形成白蒙蒙的"雾凇"奇景。

佛子山风景区的生物景观珍稀多样，还保留着大面积优美的原生天然林。古树资源丰富，或孤植，或成林成片。

树种丰富，主要有南方红豆杉、银杏、竹柏、油杉、柳杉、穗花杉、三尖杉、杉木、香樟、楠木、钩栗、南酸枣等许多珍稀树种。

景区内有集中成片的高山杜鹃林、零星分布的梅花、山樱花和四照花等。独特的树石相依，狮峰、母狮峰等石笋状石峰顶部可见成片奇松生长于其中。

佛子山还有许多古洞奇穴，山洞多、山洞怪异是佛子山的一大特点，山洞成因有以下几种类型：

一是裂隙型，这类山洞是水流沿裂隙流动，把裂隙渐趋扩大而形成，这类山洞狭长深不可测，如山羊洞、鹰嘴洞等，深不见底，神秘莫测。

二是火山熔岩洞穴，这类洞穴生在岩壁和岩槽中，是火山岩钙碱性包裹体和围岩风化的差异性及水流作用下形成的洞穴。

如肚脐洞、水帘洞、蝙蝠洞、天洞等，这类山洞高悬崖壁，形态精巧，疑是仙人雕琢，巧夺天工。

三是河湖沉积砂砾岩类洞穴，这类洞呈洞和岩槽成群分布崖壁上，这些洞穴岩槽形态各异，有的像嘴巴,诉说着佛子山天翻地覆的沧桑地质历史,岩洞有的口小肚子大像葫芦,这葫芦还真不知装的什么药,洞内有蛇窝,有鸟窝,有松鼠窝,有虫子窝,给人以神秘感。

有些洞是岩石错落崩坍形成的,如将军洞;有些洞成因是砂砾岩石含可溶性钙质矿物;有的是虫子性分泌物腐蚀形成。

四是堆石洞,这类洞是叠石间空隙多,堆石体下空隙相互连通,形成洞中有洞、洞套洞,有数千米长,如进入迷宫;有的山洞洞室大,洞中冬暖夏凉,是消暑的好去处。

佛子山山美、水美,石更美,象形石数量极多,有恩爱伉俪夫妻岩、面参禅佛子岩、笑容满面弥勒岩、惟妙惟肖盼夫岩、神态自若的观音岩、巧夺天工朝觐岩、顶天立地的天柱岩、声震万壑雄狮岩、愧羞难当羞女岩、雄风叱起龟头岩、叹为观止的天墙岩、灵气横生古猿岩、忠贞不渝的玉女岩、蓄势越跃蛙岩、紫气环绕莲花岩、宦官青垂

礼帽岩和猛兽下山的鸭嘴兽岩等。

佛子山不光是象形石多，神奇还在于景物步移景换、形态逼真，如笔架山南看成崖、东看成岭、北看成列、西看成峰，远近高低各不同。而狮峰的景幻更是变化多端，形象逼真，从不同角度欣赏，猪头、驼峰、鲨鱼头、孔雀、海狮、石笋、猴子等象形石惟妙惟肖，栩栩如生。

佛子山景区主要有以下几个方面的特点：

一是狮峰火山地貌核心区，主要功能是自然地貌观光，生态旅游休闲；二是七星溪二级景区，主要功能是水上游乐，蛙岩地质遗迹参观；三是旺楼二级景区，主要功能是古文化遗产观赏，突显古墓群、古树王文化氛围，同时观赏旺楼山水风光；四是避暑度假区，以稠岭度假区为中心向村镇辐射，可以观看镇前镇、杨源乡的鲤鱼溪、鲤鱼冢、倒栽柳、中华红豆杉的王中王、坂头花桥告等。

知识点滴

闽山第一洞——玉华洞

　　玉华洞位于福建省将乐县城南天阶山下，是福建最大的石灰岩溶洞。玉华洞誉称"形胜甲闽山，人间瑶池景"。玉华洞总长10千米，主洞长2.5千米，被誉为"闽山第一洞"，是我国四大名洞之一。

　　玉华洞之所以被称为玉华洞，是因为洞中的石钟乳莹白如玉，华彩四射。据说这洞中原本全都是白色的，自宋代以来，就不断有人进洞游览，这洞壁就是被火把熏黑的。

　　玉华洞，在雨过天晴后曾出现华光。雾气在阳光和灯光的照射下如梦似幻，变化莫测。玉华洞每一处景观都被人们赋予美丽的名字。

　　景观最为逼真有

"苍龙出海""童子拜观音""鸡冠石""瓜果满天""峨眉泻雪""擎天巨柱""马良神笔""嫦娥奔月""瑶池玉女"等。

洞内有两条通道，由藏禾洞、雷公洞、果子洞、黄泥洞、溪源洞、白云洞等6个支洞和石泉、井泉、灵泉3条深不及膝的小阴河组成。洞内小径盘曲，钟乳石优美多姿，有180多个景点。

"鸡冠石"是玉华洞的洞标，型如鸡冠呈倒三角形的巨石上，底部还有石基，俨然一块呈列展台上的宝石。玉华洞入口在山脚下，名为"一扇风"；出口则在山顶，叫作"五更天"，可以使人体验到由昏暗转为光亮的景色。

玉华洞形成于2.7亿年前，由海底沉积的石灰熔岩经过三次地壳运动的抬升和亿万年流水的冲刷、溶蚀、切割而成，属典型的喀斯特地貌景观，如今正处于发育生长期，是一处胜景天成、如梦如觉、自然幻化的人间仙境。宋代理学家杨时、民族英雄李纲皆曾游此洞并留字。

幽深的玉华洞是实施洞穴疗法的"天然医院",洞内温度长年保持18度,凉风习习,空气清新。其前洞空气在洞内受冷下流往前洞喷出,前洞口的风力强达4级,构成有名的"一扇风"。

走进洞门,阴风乍起,凉飕飕的令人有点不寒而栗。洞内小径盘曲,处处是神奇的景观,奇形怪状的钟乳石,惟妙惟肖,形状优美。深入其境,令人惊叹大自然鬼斧神工之精妙,诡异而神秘。

"瓜果满天"是由纠结饱满的钟乳石布满整个洞厅的顶部,斜挂而下,如荔枝,如菠萝,如葡萄,五颜六色的灯光打在上面,美不胜收。

"峨眉泻雪"四周都黑漆漆的洞壁乍然洁白一片，却又沟壑分明，如同雪满山崖，令人流连忘返。

明代著名旅行家徐霞客踏雪游览玉华洞后，在《玉华洞游记》中盛赞："此洞炫巧争奇，遍布幽奥"。

玉华古洞之美，是一种天然的美、灵动的美，以风取胜、以水见长、以云夺奇、以石求异的风姿神韵，处处透露出大自然鬼斧神工的奇瑰迷幻。更以其美轮美奂、钟灵毓秀的绝尘清雅，在我国溶洞景观的丛林中绽放异彩。

传说古代将乐有金华、银华、玉华三洞，都是奇巧壮观的洞府，洞中景致吸引着不少官绅士民前往观光。很久以前有个皇帝出游银华洞，在洞里丢了还魂带、金扁担两样宝贝。

此后，达官贵人争相来此游玩，既看景致，也想捡到那两样宝贝。如此一来，当地百姓可倒了霉，吃喝招待要摊派钱粮，田地都荒芜了。大家一气之下，一个晚上就把金华洞洞口和银华洞洞口给封住了。从此，只剩下玉华洞一个好景致了。

知识点滴

山灵水秀——上饶灵山

　　灵山地处江西省上饶市上饶县北部，跨越上饶北部的茗洋、湖村、清水、汪村、石人、望仙、郑坊和华坛山等乡镇，西接东北部横峰县葛源镇，北面与德兴市饶二镇接壤，地处三清山、圭峰、龙虎山和武夷山4个国家级风景名胜区中间，是四山辐射的交织点。

　　约8亿年前的震旦纪早期，灵山地区开始沉降，形成了多层重要的含矿构造。矿藏有花岗石、萤石、水晶、钨、锡、铜、铅、锌、铌、钽、钒、磷、重晶石、石煤等。

矿藏以花岗岩、铌、钽、钒等储量最多。著名的花岗岩品种芝麻白、上饶红、望仙绿等不仅纹理和色彩美观，而且具有抗压、耐磨、耐酸等特点。以水晶最为珍贵，并且开发历史悠久。灵山水晶有白色、茶色、墨绿色3种，尤以茶色和墨绿色最为珍贵。

水晶瀑布位于水晶山景区之东南隅，在石屏、水晶诸峰下面，集石屏峰的龙池水、水晶峰的潮水及其他山泉于一潭，再从潭口溢出而形成了瀑布。因其位于水晶峰下，而且"飞泻映日，远望之若水晶"，因此得名。迷仙坛是一块数千平方米的高山台地，传说仙姑因迷路，而夜宿于此，故名迷仙坛。迷仙坛被四周锯齿形的山峰环抱，有奇峰、怪石、龙泉、古寺等诸多景点。

迷仙坛中部有一岩洞，由两块手掌形巨石合成，洞高丈余，内部空间近20平方米，石称观音合掌石，洞称迷仙岩。洞中有天然石神龛，供奉迷仙像，常有山民到此祀拜。

华表峰位于甑峰西，此峰圆形，上下一般粗大，高达百余米，峰壁平削光滑，人不可登，仰视至帽落才能见其顶，峰体条纹纵横，峰间石缝中长有古松。华表峰四周山峦重叠，而华表峰鹤立鸡群。

南峰塘是一个台地，台地似盂，集百谷、岩前诸峰山泉成塘，水清见底，波光粼粼，群峰倒映，故名南峰塘。南峰塘四周绝壁如削，仅有古人开凿的东西两条古道可登，由岩底古道拾级而上，沿途可赏神蛙鸣耕、老妪浣纱、飞天神龟等怪石。

由神蛙石再拾级往上，岩前、百谷两峰被一雄关紧锁，关口狭小，仅容一人通过，故先人将其命名为天险关。进入天险关也即进入了南峰塘腹地。夹层灵山在灵山西脉单峰西驰至甑峰，继续西行形成一块高山台地，史称东台，当地人称"夹层灵山"或"山外灵山"。

上夹层灵山，山道崎岖，绝壁险峻，四周青蜂数以百计。有猫儿翻甑峰、天女散花峰、华表峰、猫鹰峰等。台地上横卧、斜出、卓立、倒挂的万千颗奇石，夹层灵山上，峰峰有泉，怪石下处处有泉。

太极岩位于东台峰南面平溪峡谷中，此处怪石成群，丛林茂密，以太极岩为中心的1平方千米范围内岩洞密布。

太极岩是峭壁中一块巨石向东南方向悬伸形成,洞口矮窄,需躬身才能入内。岩容宽敞,圆若巨球,岩壁缝线和凸起部分,似太极之双鱼图故名。太极岩洞内有洞,洞洞相通,并呈八卦方向排列,进岩探寻,极容易迷失方向。

灵山峰高壁峻,隘口众多,大部分隘口处都有飞瀑直泻而下,其中以茗洋乡境内的居多,三叠瀑布、回龙瀑布和无盘墩玉阶瀑布等都是灵山上较有名的瀑布。因其位于灵山东部,故统称为"东灵瀑布群"。东灵瀑布群瀑布之多实属罕见。

圆墩峰位于灵山西脉睡美人之秀鼻处,峰圆似墩,浑然一体,故名圆墩峰。圆墩峰南北悬岩万仞,石缝中横长的古松,形状各异。

圆墩峰因峰岩皆异奇险合一,为历代释道高人云游之地,明代建有三仙宫于绝顶,凿壁为墙覆以铁瓦,供三仙神像。

峰腰间有磴道,当地居民常登峰膜拜,传说曾有不肖道徒,猥亵进香少妇,宫宇立即倒塌,三仙即化成三只巨鸟飞去,今尚存残壁。

峰北石壁上,有人物花鸟岩画,画中有一巨大箭头向山湾指去,传说是黄巢留下的藏宝图。峰下有古道,宽可列骑而行。

天梯峰位于老鸦峰南,为灵山最高峰,峰脊有天然石阶如天梯,故名。明贡生周绍斗游此峰时写有"抠衣携履上天梯"诗句。峰顶之上,怪石数以万计。天梯峰虽有天然石梯,但险处却猿猴难攀,传说北宋名将孟良在险处凿石百级,并刻石以志,今题刻因经年的雨剥风蚀,已经不可辨认。

世永亭位于水晶峰顶,因建此亭费工3000有余,落成后命名为世永亭。世永亭由花岗岩条石砌成,顶呈拱形。顶及两旁覆以泥土,西北东南走向,两侧有两条石凳,远望如穿山岩洞,因著名的水晶岭古道穿洞而过，南北坡的乡民以及山货贸易的人常成群结队在亭内小憩。

水晶岭古道侧是灵山最长、最高、岁月痕迹最深的一条花岗岩石级古道。古道全程15千米。水晶岭古道沟通灵山南北，贩运粮食、山货、土纸等物品进出均靠此道，因此乡民来往络绎不绝，辅助挑担的"打杵"笃笃有声。

道士仙峰原名拥笔山，位于上饶县望仙乡儒源村，北宋皇上敕封为道士仙峰。东汉初平元年，也就是190年，胡超随伯父胡昭南下至邑之灵山，胡昭隐于卜谷峰养真岩，胡超隐于拥笔峰，均在隐居之地精研道学，筑炉炼丹，后来成为名噪一时的道教真人。

胡超常云游各地，传道施药，仙去后，被晋武帝封为"胡公真人"。今胡超炼丹遗址尚存。

知识点滴

东汉末年，三国纷争，河南颍川名士胡昭隐居陆浑山中，潜心道学。曹操屡聘昭为中书令，昭婉言拒之，并悄然南下，隐于灵山卜谷峰之养真岩，继续悟道，采药煮茗，并结炉炼丹，以济乡人沉疴。

251年，昭无疾而终。乡人称昭已得道成仙，并建祠塑像祀之。昭专注自身修炼，不收徒传道，但仙逝后屡受皇封，影响很大，并有刘太真、李德胜等信仰道教的朝廷命官步其后于祠中立化成仙，故为灵山道教之始祖。

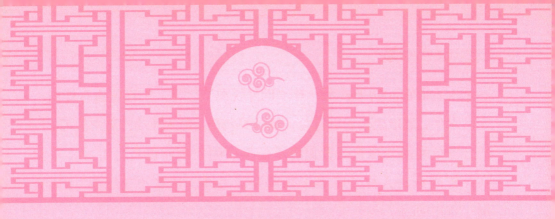

海边最美山——太姥山

　　太姥山位于福建省福鼎市，挺立于东海之滨，三面临海，一面背山。北望雁荡山，西眺武夷山，三者成鼎足之势。相传尧时老母种兰于山中，逢道士而羽化仙去，故名"太母"，后又改称"太姥"。闽人称太姥、武夷为"双绝"，浙人视太姥、雁荡为"昆仲"。

　　太姥山风景区分为太姥山岳、九鲤溪瀑、晴川海滨、桑园翠湖、福瑶列岛五大景区；另外还有冷城古堡、瑞云寺两处独立景点。拥有山峻、石奇、洞异、溪秀、瀑急等众多自然景观，以及古刹、碑刻等丰富人文景观。

　　太姥山是由花岗岩构成的峰林山地，上面遍布着100多个岩洞，这些洞穴曲折幽奇，别具特色，引人入胜。著名的有葫芦洞、将军洞，一线天、滴水洞、七星洞、一片瓦、犀牛洞、白马洞、鸿雪洞、蝙蝠洞、福成洞、韦陀洞、莲花洞和龙潭洞等。

　　葫芦洞和将军洞在葫芦洞景区，葫芦洞形似葫芦，洞室宽大，可容千人，面积2000平方米，有"世外桃源"之誉。宋代曾建有楼阁，今已无存。洞中生长着空谷兰、凤兰等名花，暗香浮动，满穴馥郁。

将军洞因其顶有三石似将军的鞋、帽、剑而得名，由10多个洞穴相连组成，人称"将军十八洞"。另外，还有"三线天""回音洞""洞中听泉"等胜景。

"三线天"是两块巨石压顶，似坠未坠，惊险万状，顶部一条裂隙，形成三线蓝天，阳光照人，满穴生辉。

"回音洞"是一条狭窄暗道，迂回曲折，上下盘旋，人行洞内，前后不见，但能相互呼应，虽相隔几十米，其声犹似近在耳边。

"洞中听泉"声如佩玉，故古人称为漱玉洞。若遇大雨过后，泉水如瀑，轰鸣激荡，令人心悸。

太姥山中溪涧较多，山青水碧，植被丰茂。山上多奇花异树，如空谷兰、云雾草、感触树、相思林、五色杜鹃、绿雪芽茶等，更为山景增色不少。而东望大海，蓝天与碧海共妍，岛礁同港湾并美，使人领会"山增海阔，海添山雄"的意境。

其中尤以山西麓的九鲤溪风景更佳，九鲤溪又名赤溪，源出拓荣县东山，有13条支流潆洄于太姥山岭之间，沿途分布着20多个景点。溪流两岸青山逶迤，绿树葱茏，怪石林立。中间碧水澄澈，峰峦倒映，水波涟滟。

在浅滩处河底卵石纷陈，游鱼可数，周围还有小玉女峰、"迎仙船""仙童望日""观音坐莲"等美景，环境优美，犹如一个"童话世界"。

冷城在太姥山东麓，系一山间村寨，自明嘉靖年间起，当地人民为防御倭寇侵扰，筑有城堡一座，设东、南、西门，北依崖壁。城内有东西向街道一条，卵石铺路，傍依清溪。街道两侧民居和小巷参差排列，建筑古雅，乡风淳朴。城内还有宋代泗洲文佛石屋、三官堂、猴仙宫、史楫象祠等古迹。

宋代石屋位于东门内，其须弥座上雕有人物、鸟兽图案，造型古朴，形态生动。冷城在南宋曾是文人荟萃之地，著名的史学家郑樵、理学家朱熹都曾在此聚众讲学，设帐授徒。朱熹还在此创办过"石湖书院"，并自撰门联"溪流石作柱，湖影月为潭"。

灵峰寺在冷城西侧的翠薇峰下，始建于860年，宋时称"兰溪寺"，又名"小灵峰"。经历代整修扩建，颇具规模。寺内有大雄宝殿、藏经楼、念佛堂、斋堂、花圃等建筑。

晴川海滨景区，位于太姥山麓，由分布在晴川湾海域、跳尾湾海域的沙滩和岛屿组成，海域面积约40平方千米。海上波光粼粼，渔帆片片，鸥鸟点点，姆屿、日屿、跳尾、七星等岛屿，如翡翠镶嵌在蓝缎般的海面上。

福瑶列岛景区，由大嵛山、小嵛山、鸳鸯岛、银屿、岛屿、观音礁等11个岛屿和9个礁石组成，总面积24.5平方千米。岛上气候适宜，风景秀丽，昔称福瑶列岛，喻为美玉福地。

嵛山岛由大嵛山、小嵛山、银屿、岛屿等11个岛屿和9个礁石组成，面积25平方千米，岛上气候宜人，风景秀丽，在海拔200米高的岛顶，有常年不竭、水淡且洁的"海上天湖"。湖周群峰环拱，其状似盂，嵛山岛由此得名。天湖水质甜美，清澈见底，幽蓝凝碧的湖水沁人心脾。岛上还有万亩天然草场，在烟波浩渺的东海上，体会"风吹草低见牛羊"的大草原意境。

大嵛山岛，为闽东第一大岛。岛上风光旖旎，有天湖泛彩、蚁舟夕照、沙滩奇纹、南国天山、海角晴空等胜景。

知识点滴

在传说中，太姥娘娘的故事发生在尧的时代，她是农家女子，因种蓝人称蓝姑。

某年麻疹流行，蓝姑梦见一仙翁告诉她，去山中找一种山茶树，采叶煮水喝可治。

蓝姑便去峰峦云雾间找到一种绿叶有白毫的山茶，采来煮水给患儿喝，果真有效。蓝姑教乡亲都这么做，患儿都好了。

尧帝为了感其圣德，封她为"太母"，乡民们则尊称她为"太姥娘娘"。

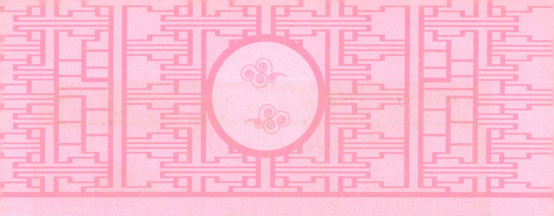

丹霞之最——鳞隐石林

桃源洞景区位于福建省永安市城北的燕江畔，是包含自然及人文景观的丹霞地貌风景区。景区内由桃源洞、百丈岩、修竹湾、葛里、栟榈潭五大景区组成，共有100余处风景名胜和人文古迹。

桃源洞山水秀丽，有"小武夷"之称。桃源洞位于城北沙溪上游栟榈潭两岸，因古有桃林百亩，山涧流泉，桃花夹岸，漂流映红而得名。群峰叠翠，丹霞峥嵘，沙溪宛若一条银练镶嵌在万绿丛中。

景区内著名的景点有：桃源洞口、锁洞桥、观音大仕殿、一线天、飞来石、跨虹桥、望象台、阆风台、三寨门等。

桃源洞始于宋而盛于明，据记载，

南宋高宗时，枰榈村人左正言邓肃和宰相李纲因反对议和、竭力主战而被罢官后，两人游枰榈山。明代，安砂举人陈源湛捐资修建亭台楼阁18处，并在洞口峭壁36米高处刻"桃源洞口"，每字2米见方。

这座丹崖赤壁气势雄伟，是桃源洞景区引人注目的景观之一。这种景观是由于砾砂岩重力崩塌及风化片状剥落作用而产生悬空面，再加上流水的长期侵蚀，便形成了向内凹的巨大岩壁。

最绝妙的景点当属被上海吉尼斯评为世界最狭长的"一线天"，一座巨大的山体仿佛被砍刀从上至下齐整劈开，仅留悬崖一缝，长120米，高90米，宽仅盈尺，最窄的地方游人只能屏住呼吸侧身挤过。攀行时，两边巨石紧压左右，唯见头上一线天光。

一横跨桃花涧的石拱桥叫锁洞桥，桥的柱上盛着大桃子，此桥横贯幽谷，两岸桃树成林，颇有几分诗情画意，特别是桃花开时，可见小桥流水、桃花夹岸、漂花满涧，徜徉其间，韵味无穷。

望象台是一块突出的岩石，极像树丛中露出的大象前额，长长的鼻子向下延伸，像要吸吮沙溪河的河水，是看大象的上佳位置，因而称为"望象台"。望象台浑圆平整，这种浑圆型的峰顶，是因为丹霞地貌岩墙崩塌后形成岩柱，又因岩柱在热力作用下，被大规模"球状风化"而形成。

仙人棋盘平整如盘。相传，仙人常降临这里对弈下棋。岩壁上刻的这两个篆体字叫"弈台"。弈台边上这摇摇欲坠的石头，风吹石动，名称："飞来石"。岩壁上还有摩崖石刻"化极磐"3个字，带有佛教语的味道，意思是进入幻想中的灵变超脱境界。

栟榈山景区包括葛里、修竹湾、栟榈潭三部分，位于沙溪河西岸。修竹湾静谧幽雅，葛里山峰峻峭，栟榈潭碧波浩渺。主要景点有石头城、走马岩、降仙台、大峡谷、马鞍背、栟榈书院、九姑泉、太极洞、接仙桥、栟榈书院、栟榈寺、观音岩、双寿桃、睡美人等。

鳞隐石林奇石林立，为奇特的喀斯特地貌。位于城西北的大湖乡，包括洪云山石林、翠云洞、寿春岩、十八洞、石洞寒泉等。景区内千姿百态的溶洞、溶沟峰丛、石林和钟乳石柱，造型各异。鳞隐石林历史悠久，据《延平府志》记载："大湖有山，峭壁险峰，峰峦耸秀"。清雍正年间，由赖晓千、赖允升兄弟发现并开发，在石林建造书院、亭和阁等。

风洞是一块巨石下沉形

成的洞，进入洞中，便有一股清凉的风扑面而来，称风洞。洞的右上岩壁刻有"环玉"两字，所以又有"环玉洞"之称。环玉意为洞内岩石如玉一样上乘美好。右侧有首诗，由于岩石下沉，这首诗只能看到下半部分。

徐霞客曾游览过此洞，在游记中写道："有飞桥架两崖，上下壁前，悬空而度，峰攒石裂，岈然成洞"。

一峰突起，犹如仙鹤顶，峰顶屹立一亭，似如凤冠，因此而得名凤冠亭，边上岩石刻有"鹤顶"两字，也有人叫"凤冠鹤顶亭"。

沿小径穿过一片灌木林，眼前豁然开朗，放眼四周，远近的山峰起伏不断，层层叠叠，犹如一幅清新脱俗的水彩山水画，这就是叠彩台。立于台上，极目远眺，远处有一座红瓦白墙的建筑位于陡峭悬崖的半山腰，那便是百丈岩景区的马氏仙姑庙。马氏仙姑庙是永安市香火最旺的庙宇之一。

知识点滴

跨虹桥是明万历年间陈源湛所建，是至今保存最完整的古迹之一。岩壁刻有"跨虹桥"3字，因颜如丹色，形状似彩虹而得名。

古人修建跨虹桥有独具匠心之处：第一，工艺之精湛，难度之高，令人赞叹，俗称天桥；第二，俯瞰跨虹桥下，沙溪河水碧波荡漾。几叶小舟，几只鸬鹚整齐站在船头上，颇有几分江南水乡的意境；第三，倚栏遥望远山叠翠、群峰竞秀，丹崖比妍，令人心驰神往。

西南地质

　　我国西部地区占全国国土面积的72%，地势从世界屋脊下落到低海拔平原，气候垂直分布明显，地貌包括几乎所有的类型，动植物资源丰富多彩，类型完整。世界闻名的景观包括世界屋脊喜马拉雅山、高原圣湖、羌塘野生动物园、山水洞林石一体的喀斯特地貌、秀丽壮观的长江三峡等。

　　总之，我国西部高原辽阔，高原盆地交错分布，地质结构复杂多样，其中壮丽的地质奇观有长江三峡、崀山、崆峒山等处，这些景观气势磅礴，波澜壮阔，给人以无限遐想，是大自然的杰作。

世界大峡谷——长江三峡

　　长江三峡是万里长江一段山水壮丽的大峡谷，为我国十大风景名胜区之一。它西起重庆奉节的白帝城，东至湖北宜昌的南津关，由重庆瞿塘峡、重庆巫峡、湖北西陵峡组成。

　　长江三峡国家地质公园，既有我国南方距今32亿年前形成的最古老的变质岩基底，又有记录自晚太古宇以来地壳和古地理演化历史的

完整的地层剖面和所发育的各门类化石以及重大构造地质事件和海平面升降事件所留下的记录。

包括国内外著名的震旦系层型剖面，我国众多岩石地层单位的命名剖面；还有后期新构造运动及河流、岩溶、地下水和风化作用所塑造的峡谷、溶洞和河湖景观以及地质灾害的记录。

长江三峡是世界上少有的集峡谷、溶洞、山水和人文景观为一体的天然地质公园，是一本学习地壳演变历史的教科书，是探索大自然奥秘，展示多种峡谷、岩溶地貌的殿堂，是进行科普教育、了解长江演变和学习中华民族悠久历史和文化的摇篮。

在长江三峡的地质构造中，其中宜昌黄花场和王家湾地质构造，被国际地层委员会和国际地质科学联合会确定为"金钉子"。所谓"金钉子"是全球地质时间点划分的唯一标准。

目前，全球有60个"金钉子"，我国有7个。在相距不到20千米的范围内拥有两个"金钉子"，属世界罕见。

长江三段峡谷中的大宁河、香溪、神农溪的神奇与古朴，使三峡

景色更加迷人。

　　三峡两岸高山对峙，崖壁陡峭，江中滩峡相间，水流湍急，由于这一地区地壳不断上升，长江水强烈下切而形成三峡，因此水利资源极为丰富。长江三峡建成了世界上最大的水利枢纽工程——三峡工程。

　　瞿塘峡，位于重庆奉节境内，是三峡中最短的一个峡，也是雄伟险峻的一个峡。入口处，两岸断崖壁立，相距不足100米，形如门户，名夔门，也称瞿塘峡关，山岩上有"夔门天下雄"5个大字。

　　瞿塘峡又称夔峡，西起奉节白帝城，东至巫山黛溪，在三峡中以雄著称。峡口夔门南北两岸峭壁千仞，如刀砍斧削一般，江流涌于狭窄江道之中，呈现出"众水会涪万，瞿塘争一门"的壮观景象，顺江而下，迅流湍急。

　　瞿塘峡山势雄峻，上悬下陡，如斧削而成。其中夔门山势尤为雄奇，堪称天下雄关，江水至此，水急涛吼，翻云滚浪。瞿塘峡北岸一处黄褐色悬崖上，有战国时代遗留的悬棺洞穴。南岸粉壁崖上的古人题咏石刻，篆隶楷行，造诣各殊，刻艺精湛。

瞿塘峡虽短，却能"镇渝川之水，扼巴鄂咽喉"，有"西控巴渝收万壑，东连荆楚压摹山"的雄伟气势。古人形容瞿塘峡说，"案与天关接，舟从地窟行"。

白帝城历史悠久，在奴隶社会时期，这一带曾是巴、蜀两国的领地，并于公元前1016年建为夔子国。封建社会时期，这里一直都保持着行政和军事的显赫地位。唐时设夔州府，辖19个州县。

白帝城境内有世界最大的小寨天坑、世界最长的天井峡地缝、世界级暗河龙桥河、我国十大风景名胜之一的长江三峡第一峡的瞿塘峡，有我国历史文化名胜白帝城、刘备托孤的永安宫、诸葛亮的八阵图、瞿塘峡内的摩崖石刻、悬棺群等自然与人文景观，构成了分别以白帝城瞿塘峡和天坑地缝为中心的两大特色。

巫峡西起重庆市巫山县大宁河口，东至湖北省巴东县官渡口，峡长谷深，迂回曲折，奇峰嵯峨连绵，烟云氤氲缭绕，景色清幽之极，如一条美不胜收的画廊。巫峡包括金蓝银甲峡和铁棺峡，峡谷特别幽

深曲折，是长江横切巫山主脉背斜而形成的。

巫峡幽深奇秀，两岸峰峦挺秀，山色如黛；古树青藤，繁生于岩间；飞瀑泫泉，悬泻于峭壁。峡中九曲回肠，船行其间，颇有"曲水通幽"之感。

巫峡又名大峡，以幽深秀丽著称。整个峡区奇峰突兀，怪石嶙峋，峭壁屏列，绵延不断，是三峡中最可观的一段，宛如一条迂回曲折的画廊，充满诗情画意，可以说处处有景，景景相连。

巫峡中的巫山"十二峰"被称为"景中景，奇中奇。"清人许汝龙"巫峡"诗中说："放舟下巫峡，心在十二峰。"巫峡以巫山得名，幽深秀丽，千姿百态，宛若一幅浓淡相宜的山水国画。

峡谷两岸为巫山"十二峰"，由西向东依次为登龙、圣泉、朝云、神女、松峦、集仙6峰。南岸也有6座峰，但江中能见到的依次为飞凤、翠屏、聚鹤3座峰，其余净坛、起云、上升3座峰并不临江。

巫山"十二峰"中，以神女峰最著名，峰上有一挺秀的石柱，形似亭亭玉立的少女。她每天最早迎来朝霞，又最后送走晚霞，故又称"望霞峰"。

据唐广成《墉城集仙录》记载，西王母幼女瑶姬携狂章、虞余诸神出游东海，过巫山，见洪水肆虐，于是"助禹斩石、疏波、决塞、导厄，以循其流"。水患既平，瑶姬为助民永祈丰年，行船平安，立山头日久天长，便化为神女峰。

西陵峡滩多水急，其中的泄滩、青滩、崆岭滩，为著名的三大险滩。西陵峡西起香溪口，东至南津关，历史上以其航道曲折、怪石林立、泽多水急、行舟惊险而闻名。西陵峡的主要景观，北岸有"兵书宝剑峡""牛肝马肺峡"，南岸有"灯影峡"等。

随着葛洲坝和三峡大坝的修建，长江河道昔日宽谷上出现的"高峡平湖"景色则另有一番风味。与此同时，伴随长江水位的提高，长江沿岸许多支流，如神农溪、香溪、建阳河、九畹溪、泗溪等异军突起。

除了峡谷外，峰林和溶洞也是公园中另外两个重要的地质地貌景观。它们集中分布在巴东三叠纪碳酸盐岩和黄陵穹隆周缘震旦纪和寒武纪碳酸盐岩地层分布区。前者形成著名的格子河风景区和莲峡河风

景，后者则构成高岚风景区、黄牛岩风景区、晓峰风景区和金狮洞风景区的奇观。

按照行政区划和地质遗迹景观地质体形成的地质年代，公园进一步划分为秭归元古代园、西陵峡震旦纪园、新滩地质灾害园、巴东三叠纪园、归州侏罗纪园、宜昌白垩纪园、兴山晚古生代园、黄花奥陶纪园和晓峰寒武纪园9个次级园区。

崆岭滩，是长江三峡中"险滩之冠"。滩中礁石密布，枯水时露出江面如石林，水涨时则隐没水中成暗礁，加上航道弯曲狭窄，船只要稍微不小心即会触礁沉没，加之有民说，"青滩泄滩不算滩，崆岭才是鬼门关"。

长江三峡，人杰地灵，它是我国古文化的发源地之一。大峡深谷，曾是三国古战场，是无数英雄豪杰用武之地；这儿有许多名胜古迹，主要包括重庆白帝城、黄陵、南津关孙夫人庙等。

知识点滴

相传在五六千年前，神州大地发生了一次特大水灾。当时，部落首领尧派鲧去治理洪水，结果以失败告终。尧终舜继，舜又派鲧的儿子禹继续治理洪水。

禹从江州东下来到了三峡，便开始疏浚三峡的工程。即凿开了堵塞江水的巫山，使长江之水能够顺畅东流。然后，他又凿开瞿塘峡"以通江"，开西陵峡内的"断江峡口"，终于使长江顺利通过三峡，向东流入大海，解除了水患对长江中下游的威胁，而上游的四川盆地终成粮仓，号称"天府之国"。

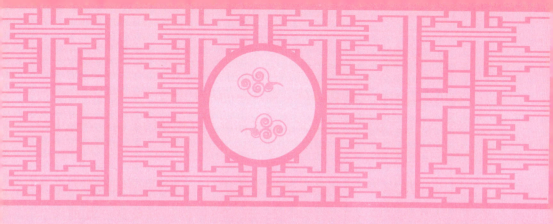

丹霞地貌瑰宝——崀山

　　崀山位于湖南省南部与广西壮族自治区交界的新宁县，南靠桂林，北部与张家界相呼应。

　　相传当年舜帝南巡路过新宁，见这地方山水美丽，便脱口而出，"山之良者，崀山，崀山。"因此，舜老爷子就造了这个"崀"字。良山为崀。

崀山，自然景观独具特色，多奇异的石头山峰、幽深的溶洞。资江上游的扶夷江蜿蜒贯穿南北，风光如画，有桂林的美丽、青城山的幽静及泰山的雄奇。

崀山有出土的10万年前的猕猴头骨化石，4500年前的新石器文化遗址，历代农民起义的古战城堡，晚清重臣的宗祠墓葬。此地汉、瑶、苗、壮民族杂居，民族风情异彩纷呈。

古今文人墨客在这里写下了不少脍炙人口的华章诗赋，著名诗人艾青也发出了"桂林山水甲天下，崀山山水赛桂林"的咏叹。

崀山的丹霞地貌是我国丹霞景区中发育丰富程度和品位最有代表性和最优美的景区。完整的红盆丹霞地貌，全国第一。这里是一座天然的丹霞地貌博物馆，被地质专家们赞誉成为"丹霞瑰宝"。

崀山丹霞地貌造型惟妙惟肖，栩栩如生，同类异型，各具情态。跌宕起伏，一景多姿，移步换形，形色气质和谐协调。青山、绿水和红崖交相辉映。

例如天下第一巷的高和长，八角寨的惊险，亚洲第一桥跨度的宽，蜡烛峰的陡峭，红华赤壁的艳丽，将军石的俊俏，骆驼峰的形状等在同类地貌中绝无仅有，具有极高的美景观赏价值。

崀山境内地质结构奇特，山、水、林、洞要素齐全，是典型的丹霞峰林地貌，在国内风景区中独树一帜。景区内丹霞地貌类型多样，集高、陡、深、长、窄于一体，会雄、奇、险、幽、秀于一身，尤其是一线天、天生桥这些很难发育的地貌奇观，崀山就多达10余处。

"崀山六绝"可以称为崀山著名的景观。

第一绝是天下第一巷：位于天一巷景区，全长238.8米，两侧石壁高120米至180米，最宽处0.8米，最窄处0.33米，可谓世界一线天绝景。

第二绝是鲸鱼闹海：位于八角寨景区，俯视峡谷，浮云缥缈，奇峰异石，时而露出头尾，恰似千万条鲸在海中嬉戏。

第三绝是将军石：位于扶夷江景区，海拔399.5米，石柱净高75米，周长40米，沿扶夷江漂流而下，只见将军石背负青天，下临扶夷

江，昂首挺胸，披坚执锐，虎虎声威。

第四绝是骆驼峰：位于辣椒峰景区，峰高187.8米，长273米，有两处凹陷，分成骆驼头，骆驼背峰和骆驼尾，形象逼真，惟妙惟肖。

第五绝是天生桥：桥墩长64米，宽14米，高20米，桥面厚度5米，全桥呈圆拱形，划天而过，气势磅礴，被誉为亚洲第一桥。

第六绝是辣椒峰：位于辣椒峰景区，高达180米，头大脚小，恰似一只硕大无比的辣椒。

八角寨又名云台山，主峰海拔814米，因主峰有8个翘角而得名，丹霞地貌分布范围40多平方千米，其发育丰富程度及品位世界罕见，被有关专家誉为"丹霞之魂""品位一流"。

其山势融"泰山之雄、华山之陡、峨眉之秀"于一体。景区中的眼睛石完全出自大自然的鬼斧神工，栩栩如生，形神毕肖。

伸向八方的8座山峰有6座山峰在湖南，2座在广西。长达10余千米幽深莫测的峡谷中，构成一座天然的艺术长廊。

大自然的变幻无穷，也带给八角寨不同形态的美。八角寨最陡峭的一角，在寺院遗址北面，峰尖似昂首翘立的龙头。这里常年云雾弥漫，山风怒号，四周险崖壁立，深谷如坠。

就在这奇险无比的翘角顶端，竟有一座山神小庙。烧香者必须手足并用，匍匐前进，这就是著名的"龙头香"。其惊险令人叫绝！唯心诚胆大者才敢去"龙头"烧香。

辣椒峰景区主要有辣椒峰、骆驼峰、林家寨、鹅公寨、蜡烛峰、一线天和龙口朝阳等景点。进入辣椒峰景区，首当其冲的是林家寨一线天，正午时分，阳光从上面射进缝隙，斑斑驳驳，五彩缤纷。

骆驼峰由4座石峰组成头、躯、脊、尾，错落有致，形象非常逼真。骆驼峰旁有"蜡烛峰"，形似一支红色蜡烛直插云霄，该峰顶尖身圆，四周陡崖，挺拔巍峨，是丹霞地貌少有的奇特景观。

与骆驼峰遥遥相对的辣椒峰凌空突兀，直上直下，傲视群峰，呈赤红色，远观就像一只硕大无比的红辣椒，俗称"仙椒钻地"。

天一巷景区原名牛鼻

寨景区，因其东面有许多成双成对形似牛鼻的石孔而得名。"巷"是此景区的特色，以"天下第一巷"为代表的大小"一线天"9条，是典型的丹霞地貌一线天群落。主要景点有天一巷、遇仙巷、马蹄巷、遇仙桥、仙人桥、百丈崖、月光岩等。

天一巷东南角有翼王石达开驻过军的义军寨，至今前后寨门、寨墙依稀可辨。此外，纵横交错的马蹄巷、遇仙巷、翠竹巷巷窄境幽，两旁翠竹依依，令人流连忘返。

天生桥景区紧临广西，是崀山景区近年来新发现的最具特色的景区之一，区内山环水绕，群峰横列，赤壁对峙，万巷迷离，约有近50平方千米的大面积丹霞赤壁群景观，景观资源特色鲜明，个性突出。

发源于广西猫儿山的扶夷江是崀山人民的母亲河，其水域贯穿崀山风景区，游山、玩水均具有得天独厚的条件。

浑然天成的将军石屹立于扶夷江东岸低缓平坦的山顶上，它是一座由山体丹霞地貌发育到晚期形成的石柱，石柱上下等粗，顶部稍细，远观酷似一位身披战袍，仰天长啸、虎虎生威的大将军。

翠竹满坡的扶夷江西岸有一啄木鸟石，栩栩如生。其石由一悬崖构成，一块倾斜的长石，宛如尖啄，头部圆孔如双目怒睁，崖上兀立一树，嘴挨树干，好像一啄木鸟正在啄洞除虫。

与啄木鸟遥遥对峙，隔江相望的是军舰石，气势恢宏，3块巨石横亘东西方向，翘首夷江，犹似舰船编队出航。

紫霞峒景区包括紫霞宫、万景槽、紫微峰、红华赤壁、乌云寨、刘光才墓、紫霞轩、象鼻石和红瓦山等景点。这里环境优美，植被繁茂，山石奇特，峰回路转。以峒幽林深、溪涧瀑布、象形山石、宗教寺庙为特色。

崀山气候属于亚热带湿润季风气候，四季分明，气候宜人。扶夷水常年水流不断，清澈见底。这里植被茂盛，生长着许多珍稀名贵物种，有"植物熊猫"银杉、珙桐，还有国家一级保护动物华南虎、云豹、锦鸡、灵猫、大鲵等，生态环境非常优越。

有人说，紫霞峒是崀山的一个诱惑，峒，非岩洞，而是四周山石围拱，一方有豁口出入的盆型谷地。紫霞峒则是一条曲径通幽的峡谷，周围有红褐色的悬崖峭壁，夕阳斜照，反射出万道霞光，数百年因紫气腾升而得名。

踏入景区，溪流淙淙，瀑布飞溅，翠枝摇曳，山花吐香。但见岩顶古藤盘缠，岩底冷气横生。相传是"紫霞真人在此修道"之所，清澈见底的莲花池来自一挂清泉，暴雨水盈尺，久旱水不竭。

知识点滴

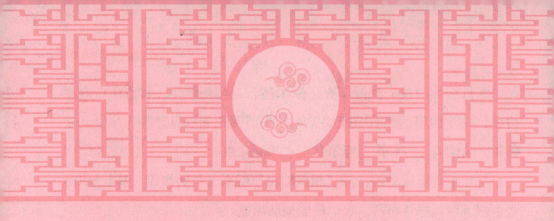

西来第一山——崆峒山

崆峒山位于甘肃省平凉市城西，东瞰西安，西接兰州，南邻宝鸡，北抵银川，是古丝绸之路西出关中之要塞。

景区集奇险灵秀的自然景观和古朴精湛的人文景观于一身，具有极高的观赏、文化和科考价值。自古就有"西镇奇观""崆峒山色天下

秀"之美誉。

"崆峒"一词,一般注释为"山名,在甘肃境内"。最早见于春秋时期成书的《尔雅》一书记载:"北戴斗极为崆峒"。平凉崆峒山正位于北斗星座的下方,即为所指。

又在《史记·赵世家》《姓氏考》等记载,有商代始祖契的后代分封于崆峒,遂以国为姓。崆峒山为当地一座名山,故以姓命山名。

崆峒山是六盘山的支脉,属于上三叠系紫红色尖硬砾岩构成的丹霞地貌。

根据地质学家的考证,在中世纪发生的一次强烈造山运动中,使今日崆峒山及东北、西南一带产生了一个山间盆地,雨水不断冲刷的黏土、砂石积聚到盆地中沉积,在高温高压的条件下,被胶结成紫红色砾石,称为崆峒山砾岩。

至侏罗纪初期,这个区域又受到地质运动的作用,地壳上升,产生许多新的沟谷和山峰,经过长期的风雨侵蚀,流水切割,形成了各种奇特秀丽的丹霞地貌。

　　崆峒山的丹霞地貌丰富多彩，以顶平、身陡和麓缓为基本特征，并且它还是迄今为止所发现的时代最古老的紫红色岩层所形成的丹霞地貌。

　　人文始祖轩辕黄帝亲自登临崆峒山，向智者广成子请教治国之道和养生之术，黄帝问道这一千古盛事在《庄子·在宥》和《史记》等典籍中均有记载。

　　秦皇、汉武因"慕黄帝事""好神仙"而效法黄帝西登崆峒；司马迁、王符、杜甫、白居易、赵时春、林则徐、谭嗣同等文人墨客也留下了大量的诗词、华章、碑碣和铭文。

　　从秦汉时期开始，历代人们陆续兴建亭台楼阁，宝刹梵宫，庙宇殿堂，古塔鸣钟，遍布诸峰。

　　明清时期，人们把山上名胜景观称为"崆峒十二景"：香峰斗连、仙桥虹跨、笄头叠翠、月石含珠、春融蜡烛、玉喷琉璃、鹤洞元云、凤山彩雾、广成丹穴、元武针崖、天门铁柱、中台宝塔。

　　近年来，新修了卧观平凉、观音堂、通天桥、飞升宫、王母宫、问道宫等景点，基本恢复了历来所称的"九宫八台十二院"中42处建筑群。

崆峒山，以其峰林耸峙，危崖突兀，幽壑纵横，涵洞遍布，怪石嶙峋，翁岭郁葱，既有北国之雄，又兼南方之秀的自然景观，被誉为陇东黄土高原上一颗璀璨的明珠。

广成子曾修道于昆仑，后觉昆仑仙气有余而灵气不足，

又闻女娲造崆峒，便云游到此。1000多年后，修成至道，并用"翻天印"将崆峒与诸山相连，使崆峒既保持北方的雄伟险峻，又兼容南方的钟灵毓秀。

后赤松子驾鹤西行，见此山天经虽连,却地脉未通，便作法打通地脉。天连地通，使水有源而九曲流畅，山有根而百草传芳。此后，位于东台附近的山洞中便经常有玄鹤出没，称之为"玄鹤洞"。后人又于洞外建一堂,名曰"招鹤堂"。

黄帝为华夏始祖，生于山东，居轩辕之丘，故称轩辕黄帝。黄帝降神农、败蚩尤，一统华夏，唯以未闻至道而为忧。闻崆峒山隐者广成子得至道之精而真风远照，于是沐浴斋戒三日，往而问之。

见广成子鹤发童颜、仙风道骨，便再拜稽首说"闻子远达至道，敢问其要若何？"

广成子对答："善哉问也，夫道者，窈冥昏默。无视无听，抱神

以静，形将自正。必静必清，无摇汝精，乃可长生。慎内闭外，多知为败。守其一，以处其和，故千二百岁，吾形未尝衰焉！"

广成子一席话，颇为玄虚。黄帝似懂非懂，但揣摩其意，似觉要人俭以养德，静以修身，淡泊以明志，宁静以致远，既静且远，乃可长寿。然而黄帝胸襟广阔，要为天下芸芸众生谋求福利。

他静悟3年后心领神会，于是设干支以计年月，著《内经》以疗百病，定刑律以惩恶扬善，兴农桑以丰衣足食。使人类从此由野蛮走向文明。后人感其诚，于东台建问道宫。该宫为崆峒山之山魂，至此崆峒山名声大震。

聚仙桥位于崆峒前山麓泾河河谷中，原有一巨石横跨泾河两岸，河水每被巨石阻拦，喷珠溅玉，景色壮观，是为崆峒十二景之一的"仙桥虹跨。"

崆峒山东峰，前临平泾公路，山前胭脂水和白泾河相会。望驾山突兀耸立，气势雄伟，站立峰顶，泾河川和平凉城尽收眼底。相传黄帝向广成子问道，山上云雾遮罩，虚无缥缈，大臣们在山前垒土相望，故称"望驾山"。

广成丹穴在望驾山北峰的绝壁上，这里悬壁如削，十分险要，人迹罕至，相传广成子居住穴中，炼穴修道。

三教禅林在望驾坪，地势平坦，环境幽寂。1939年，山东人刘紫阳出资，其弟子刘园阳主持，修建大殿三楹，后由静禅、润明二僧主持，又称居士林。

问道宫也叫轩辕谷，位于崆峒前峡，泾水北岸，背山面水，环境幽寂，身居殿内，听不到泾水涛声。相传这里是黄帝向广成子问道处。唐代这里已有建筑，元朝重修问道宫，今存有《重修问道宫碑》一通，明朝再次重修，成为一组庞大建筑群。

明代人唐龙《问道宫》诗说：

欲捉白蟾飞树梢，遍寻元鹤在云中，
荒凉栋宇聊停节，怅望当年问道宫。

崆峒山还是天然动植物王国，有各类植物1000多种，动物300余种。其间峰峦雄峙，危崖耸立，似鬼斧神工；林海浩瀚，烟笼雾锁，

如缥缈仙境；高峡平湖，水天一色，有漓江神韵。

崆峒山丹霞地貌地质遗迹分布广，连片集中，规模宏大，气势磅礴，保存完好，极富特色，是国内丹霞地貌类型中形成时代较早的类型，是大面积黄土高原上独有的自然奇观，为研究本区地质构造、古气候、古地理环境的演化变迁提供了实物资料，对揭示广大黄土高原区分布的岛状基岩山的形成发展规律具有重要意义。

知识点滴

关于崆峒，有很多美丽动人的传说。

18000年前，女娲娘娘见平凉居华夏之中，便选此地炼五色石补天。不想所剩太多，正愁没法处置，忽闻泾水潺潺，便灵机一动："有水无山，岂非美中不足！"

于是用五色石精心装点，便有了崆峒山。此山夺天地之造化，蒙鬼斧之神工，气势磅礴，素有"西来第一山"之美誉。

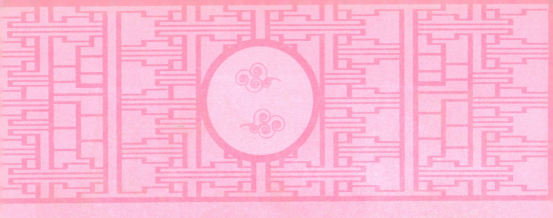

东方圣山——四姑娘山

　　四姑娘山位于四川省阿坝藏族羌族自治州，是由4座长年被冰雪覆盖的山峰组成，从远处看去如同头披白纱，姿容俊俏的4位少女。其中幺妹身材苗条、体态婀娜，常说的"四姑娘山"就是指的这座最高、最美的雪峰。

　　四姑娘山由4座毗连的山峰组成。坐落在横断山脉的东北部，邛崃

山脉的中段，四川省小金县和汶川县的交界处主峰幺妹峰，是邛崃山的最高峰，山峰主要由石灰岩构成，由于大自然常年的风化剥蚀，使山体十分陡峻，刃脊上多悬崖峭壁。

四姑娘山的地表主要由中生代和古生代的砂岩、板岩、大理石、石灰岩与结晶灰岩组成。四姑娘山地处川西高原向东急速过渡到成都平原的交接带。

自中生代以来，以三叠纪印支运动为主，经历了多次构造变动。区内褶皱强烈，山体抬升，地层变质，老断裂复活，河流下切。这一切内外力的作用，造成了四姑娘山岭谷高低悬殊的复杂地形特征。

四姑娘山的东面有奔腾急泻的岷江纵贯而过，西有"天险"之称的大渡河。山谷地带气候温和、雨量充沛，山花遍野、溪流清澈，山腰冰川环绕，山顶地势险峻，白雪皑皑。

四姑娘山一带森林茂盛，气候宜人，为丰富多彩的动植物提供了生存环境。

在海拔2.5千米以上地段有原始森林分布，以高山针叶林、针阔叶混交林为主体。这里出产的红杉、红豆杉、连香树等是四川特有的珍贵树种。在海拔3.7千米以上地段还有高山草甸分布。每当春夏之交，这里绿草如茵，繁花似锦，是良好的夏季牧场。

四姑娘山自然生态保护良好，植被茂盛，生物种类繁多。有金丝猴、牛羚、雪豹、小熊猫、毛冠鹿、藏马鸡、盘羊、黑熊等国家一二类保护动物30余种，有"雉类和画眉的乐园"之美称。举世闻名的卧龙大熊猫自然保护区就坐落在四姑娘山东坡。

四姑娘山的河谷地带还生长着核桃、苹果、梨和花椒等土特产品，是一个美丽富饶的好地方。

大姑娘山海拔4千米以下多为高山草甸，低处有灌木森林，野花遍地，随处可见牧民放养的牦牛与马，山上有大如碗盆的野生菌，味鲜无比。

二姑娘山位于小金县西，地处三姑娘山和大姑娘山之间，坐落在阿坝藏族自治州小金县和汶川县交界处，是横断山区邛崃山脉的高峰。

二姑娘山有一种火热挚诚的美，每到夏季，漫山遍野的绿树翠草将它装点得风姿秀丽。二姑娘山尖削险峭，峰顶狭窄如城堡，且终年积雪，更显得特别险峻。

三姑娘山，坐落于金县与汶川交界处，属于横断山区邛崃山脉。三姑娘山风景秀丽，地貌复杂，动植物资源丰富，其中以大熊猫最为著名。

三姑娘山山峰尖削险峭，峰顶窄狭如城堡，而且终年积雪。这里群山环抱，奇峰连绵，林高草茂，是大熊猫的天然乐园。

四姑娘山幺妹峰海拔约6.3千米，仅次于"蜀山之王"的贡嘎山，人称"蜀山皇后""东方圣山"。

双桥沟的得名是因为当地老百姓为了便于通行，在沟内搭建了两座木桥，其中一座是由杨柳木搭建而成，俗称杨柳桥；另一座由红杉木搭建而成，俗称便桥。双桥沟全长35千米。进入沟内，阴阳谷山势陡峭，曲折幽深，别有洞天。

日月宝镜山、五色山、尖子山、猎人峰、鹰嘴岩、人参果坪、撵

鱼坝、盆景滩和红杉林冰川等景致如锦簇画廊，令人流连忘返。加之山水相依，草木相间，云遮雾绕，置身其中，宛若仙境。

长坪沟沟口至沟尾长29千米，面积约100平方千米。在这条绿色长廊上，分布了21个观景点。长坪沟内的原始植物种类非常丰富，而且植被保存完好。成片的原始森林里，古柏高大挺拔，青松枝密叶茂，杉树、杨柳密密匝匝，遮天蔽日。

森林尽头，有一片草甸置于群山环抱之中，其间有一条溪流蜿蜒回转，俨然进入另一个世界。

海子沟因有星罗棋布的10多处海子而得名。海子沟空旷平坦，有原生草甸，阳面山坡的青杠灌木林中有各种菌类，其中有被称为菌类之王的松茸，其香味独特，其他菌类无法能比，并具有很高的药用价值，有防癌功效。

龙眼位于四川省四姑娘山深处，类似一个盆地，四周都是雪山环绕，山顶终年积雪，山腰处数十条瀑布飞流而下，小的几十米高、

大的上百米。其中一处自山腰一洞中喷射而下，落入下面石台分成几股，再下再分，颇为壮观，其状如龙吐水，故名"龙眼"。

四姑娘山石棺古墓群位于小金县日隆镇长坪村，该墓群密集、排列规整，经初步推测，应为汉代氐羌人所有。墓葬掩埋方式为先挖一个长方形土坑，再用片石将坑的四面镶嵌成一个长方梯形，脚窄头宽，上窄下宽，墓盖则用片石叠压而成。

知识点滴

四姑娘山被当地藏民崇敬为神山。

相传4位美丽善良的姑娘，为了消灭杀害父母和残害村民的恶魔墨尔多拉，保护人民难得的和平与凶猛的妖魔作英勇斗争，最后变成了4座挺拔秀美的山峰，即四姑娘山。它由海拔6250米、5355米、5279米和5038米的4座毗连的山峰组成，坐落在横断山脉的东北部的幺妹峰，海拔6250米，是邛崃山的最高峰。

南方地质

　　我国喀斯特地貌分布广泛，类型之多，面积之大，为世界罕见。在我国，作为喀斯特地貌发育的物质基础如石灰石、白云岩、石膏和岩盐等分布很广。

　　我国南方集中了我国最具代表性的喀斯特地形地貌区域，其中很多景点享誉国内外：云南石林以"雄、奇、险、秀、幽、奥、旷"著称，被称为"世界喀斯特的精华"。其中著名的地质景观有普者黑、九洞天、织金洞及腾冲地热火山等处。这些地质景观瑰丽奇特，令人赏心悦目，是地质景观的宝库。

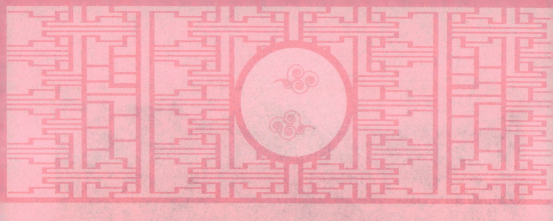

天然锦绣——普者黑

　　云南省的普者黑，是一幅奇丽秀美自然天成的锦绣。那呈带状的湖群，珠依璧连，繁星点点，若蓝天银河，碧波荡漾，波光粼粼，似仙女玉带，轻飘戏舞，珠光耀眼。

　　普者黑以独特的峰群、湖群、洞群等奇特的自然风光与古老的

民族风情融为一体，规模宏大，是我国独一无二的喀斯特山水田园风光。

这里有200余座石峰平地崛起，峰峰相对，全身披绿，千姿百态，或如蛤蟆、青狮，或似情人相对倾心。近山，又见绝壁悬岩，晃动于水影之中，犹如龙飞凤舞。

这里，山连水、水绕山，有山必有洞、有洞必有水。溶洞群中，月亮洞、火把洞、仙人洞、神怡洞等格外多娇，洞室宽阔，易入易出，洞内石笋丛集，怪石挺立，晶莹透亮，色彩斑斓，瑰丽多姿，形成了"怪石、异水、奇穴"的地下天然景观。

普者黑风景区景观独特，类型多样，内容丰富，具备了秀、奇、古、纯、幽的特点。

普者黑湖水自然纯净，四季清澈见底，终年流淌不息，秋冬而温，春夏而凉。

普者黑奇特的山，星罗棋布，有从湖水里钻出来的，有从田地里

生长出来的，也有从四面八方蜂拥而至的。有的歪着头扭着腰撒娇，有的挺着胸昂着头炫耀。普者黑的山与湖亲密无间，手牵着手，心连着心，犹如对对夫妻，双宿双飞，恩恩爱爱。

普者黑的村舍依山傍水，户连户村连村，红墙紫瓦，熠熠生辉。山是点缀村之翡翠，水是修饰村之碧玉。农田如诗如画，曲曲弯弯的是音符，青翠绿油的是音色，金光闪烁的是音质、是诗眼，奇妙的几何图案组合是音律、是诗的意境。

村中袅袅炊烟扭动腰肢与白云亲吻，夏天里，野生巨荷从湖水里悄悄探出头来，红着脸羞答答地偷看阿哥阿妹在荷丛中对歌谈情。秋风中，稻田里棵棵金穗挽着轻风舞蹈。夜幕下彝家姑娘小伙在情人房里依偎缠绵，彝家大三弦在男人的怀抱里销魂，在女人春心里开放。

普者黑，是一首意境十分俊美高雅的抒情诗，是一幅集山、水、田园风光和民族风情为一体的罕见的锦绣，是一方人与自然和谐生长的乐土。

普者黑的荷花共有普者黑红莲、普者黑白莲、普者黑小洒锦、普者黑大洒锦4种，其中以小洒锦最为珍贵。这里生长着万亩野生荷花，花色洁白如玉、藕淀粉含量高，维生素含量多，莲子养生补体，属国内外的珍稀品种。

野生荷花摇曳于清波之上，似荷花仙子降临人间。万亩荷花均是野生，是目前世界上少有的珍稀品种。荷不受高低温气候影响，耐水深，6米之下也能生长。

所有荷花均为重瓣，最大花朵直径40厘米，花瓣最少也有75瓣，最多可达215瓣。花朵不会全朵凋谢，而是单瓣脱落，即使掉至最后一瓣，颜色也鲜艳夺目。

每年七八月份正是荷叶繁茂、莲花盛开的季节，满湖粉红色、洁白色的莲花把整个湖区装点得格外美丽，清纯又多情。

仙人湖位于仙人洞村西北，仙人洞村依山傍水，三面环湖。湖面

呈北西南东向不规则展布，北端与普者黑湖相接，南端湖水流出汇入清水江。湖岸线曲折迂回，湖岸孤峰林立，有"雄狮卧波""仙女卧波""狮子山"等山峰立于湖面。

湖水明洁如玉，波光之下，串串水草随波荡漾，群群鱼虾若隐若现，水面野生荷花伴君同行，水鸟戏水，如在画中。

雄狮卧波位于仙人洞湖中，似一雄狮卧于水面，狮头是一峭壁，向西高昂，前后腿部分没入水中，狮身为茂密的灌木林覆盖，满身翠绿，形象逼真。

仙人洞湖西北岸有一群石峰巧妙地组合，在天空的背景下剪出一幅仙女仰卧湖畔的动人画面，尤其黄昏日落之际为佳，"仙女"秀丽的面庞、曼妙的曲线清晰可辨。

仙人洞位于仙人洞村，洞长918米，洞内景观密集，石钟乳、石柱、鹅管、石幔、边石盆等琳琅满目，千姿百态。

　　珍珠岛，又名火神山，为普者黑湖中一岛状孤峰。海拔约1.5千米，峰顶高出水面约30米，故又将其称为"珍珠岛"。岛上杂木浓密、灌木覆盖，四季常青。登高俯视，宛如粒粒绿色的珍珠镶嵌在明镜般的湖面上。

　　火把洞位于普者黑大龙山北东麓，全长992米，与月亮洞相通。洞中有大大小小的厅堂，最大面积约600平方米；洞中有数个清潭，最大面积70平方米。

　　洞内石笋如林，钟乳石琳琅满目，颜色有白、黄等。洞内有"人间天堂""天池""八百罗汉拜观音"等30余个景点。

　　月亮洞位于普者黑大龙山北东麓，洞体呈北西东向展布，主洞长483米，洞底平坦，次生碳酸钙沉积以钟乳石、石幔和石柱类为主。

　　观音洞原名白牛角石洞，位于普者黑青龙山南部山脚洞口。观音洞内洞中有宽敞的大厅，面积为600平方米，大厅四周分别为9个不同长度的溶洞，总长约500米，与月亮洞、火把洞相连。

　　洞内有2000余件形态各异的观音雕像，被称为"东南亚最大的观

音洞"。

　　普者黑湖位于普者黑村西，南接仙人洞湖，北连落水洞湖，长约3千米，湖两岸孤峰众多，北部湖面有3座俊秀的孤峰。

　　整个湖面及四周视线开阔，孤峰错落分布，山光水色，美不胜收。湖内盛产鲤鱼、草鱼和鲫鱼。

　　有一天，撒尼青年阿亮外出打猎，发现一只狮子在追杀一只受伤的梅花鹿，阿亮急中生智，救下了这只受伤的梅花鹿。原来小鹿是瑶池仙宫的荷花仙子，于是他们结拜为夫妻。

　　当王母娘娘得知此事后，就派天兵天将到普者黑捉拿荷花仙子。荷花仙子在临走前，从怀里掏出了珍藏多年的荷花丝帕抛向地面，荷花丝帕落到地面就变成了万亩的荷花池，撒尼后人把阿亮与荷花仙子居住过的洞叫作"仙人洞"。

岩溶百科——九洞天

　　九洞天位于贵州省毕节市大方县城的猫场镇五丫村，景区内的河谷两岸自然植被非常丰富。总面积约80平方千米，是乌江干流六冲河流经大方、纳雍两县之间的一段以伏流位置的喀斯特溶岩综合地带。

在这一段的河道上，箱形切割顶板多出塌陷，形成了多个形状、大小各异的天窗状洞口，使得伏流一路明暗交替，组成集伏流、峡谷、溶洞、天桥、天坑、石林、瀑布、冒泉及钟乳石、卷曲石和生物化石等为一体的雄奇瑰丽的熔岩大观。因其天窗洞口共有9个，因此谓之"九洞天"。

"洞口"周围都有奇特的熔岩景观，形成了风格迥异的伏流洞口风光。

景区内冬无严寒，夏无酷暑，空气清新，富含阴离子，林木大部分四季常青。景区内集中了几乎所有喀斯特地貌所特有的现象，有"我国岩溶百科全书"及"喀斯特地质博物馆"的美誉。

一洞天"月宫天"为旱洞，内宽阔，是进洞的大厅，面积约3000多平方米，平均高为80米，洞壁、洞顶上钟乳石千奇百怪，壮丽非凡。

二洞天"雷霆天"，现辟为发电洞室，通过闸门控制引取落差11米的水发电，是国内罕见的无厂房天然洞内发电站，极为经济。

三洞天"金光天"，洞内高大宽阔，迂回幽静，左岸石壁异常光滑，如刀砍斧削，右岸壁上悬挂着五颜六色的钟乳石。

四洞天"玉宇天"是由多个洞穴组成的天然景区，洞内钟乳石或似塔形，或如殿宇，晶莹剔透，形象逼真。

五洞天"葫芦天"呈葫芦状的暗湖，上收下放，自然而成。

六洞天"象王天"为相连的天生桥洞窗，顶部距水平面约百米，十分险要。

七洞天"云霄天"是一大旱洞，洞内千疮百孔，互相可通，能容纳数千人。

八洞天"宝藏天"，洞口宽仅两三米，而高达数十米，好似高楼窄巷，阳光折射进去，水面光色变幻无穷。

九洞天"大观天"内的溶洞共分3层，下层奇形怪状的水洞暗湖与八洞天相通，四通八达。中层

有一座巨大天生桥，成"门"字形，从桥下广场俯视观水洞，神秘莫测，抬头仰望，苍穹被画为两个巨大的圆弧，好似牛郎织女相会时的鹊桥。上层是与天生桥拱平行的洞厅，面积约数万平方米，无数洞穴口相通相连，形成立体迷宫，举世罕见。

九洞天景区属于滇东高原黔北台隆毕节市北东及西南走向构造变形结合部，岩石主要为二叠系石灰岩。河谷为岩

溶箱形深切割峡谷，岩壁接近90度，景区内分布有溶蚀旱洞、伏流洞穴、溶蚀塌陷等喀斯特典型地貌。

两岸悬崖峭壁上有众多常年性和季节性瀑布、冒泉，河流涨落受季节影响变化较大。

九洞天属于高海拔亚热带气候，温暖湿润，日照充足。九洞天景区覆盖土壤主要为地带性土壤小黄泥、岩性土褐色石灰土。河谷两侧附近土层较薄，石灰石裸露较多，离河谷较远，土层较厚。

景区植被良好，主要野生乔、灌木有樟树、枫树、桦树、桑树、青杠、思栗、松、杉及合欢、岩哨子、红子刺、毛竹、壳斗科植物等；另有藤本植物和蕨类。

野生动物主要有猴、獐、黄鼠狼和蛇及各种水鸟等，河谷是野鸭越冬地，溶洞中有岩燕和蝙蝠栖息，河水中主要生长红嘴细鳞鱼、黄蜡丁鱼等。

知识点滴

很久以前，九洞天是附近各族山歌对唱的一个重要聚点，每年端午节，各族青年男女聚集在九洞天上面的天生桥对歌，以歌传情。

有一年，一对苗汉青年男女唱出了感情，便私订终身。他们的举动遭到各自族人的责难，族老们警告说：你们要结婚，除非石头开花。

有情人难成眷属，两位青年便同时从悬崖上纵身跳下九洞天的一个深潭，以身殉情。两青年为了让后来人不再上演他们的悲剧，便化作万只彩蝶令九洞天的石头开花，故事一直流传至今。

洞穴宝库——织金洞

织金洞原名打鸡洞，位于贵州省织金县城东北的官寨乡。织金洞是一个多层次、多类型的溶洞，全洞空间宽阔，有上、中、下3层，洞内有多种岩溶堆积物，显示了溶洞的一些主要形态类别。织金洞是我国目前发现的一座规模宏伟、造型奇特的洞穴资源宝库。

织金城建于1382年，三面环山，一水贯城，城内有71处清泉，庵堂寺庙50余处，有结构奇特的财神庙、洞庙结合的

保安寺等。

　　织金洞是我国目前发现的溶洞中最出类拔萃的一个，岩质复杂，拥有40多种岩溶堆积形态，包括世界溶洞中主要的形态类别，被称为"岩溶博物馆"。洞外还有布依、苗、彝等少数民族村寨。

　　冯牧有诗写道：

　　　　黄山归来不看岳，织金洞外无洞天。
　　　　琅嬛胜地瑶池境，始信天宫在人间。

　　根据不同的景观和特点，织金洞分为迎宾厅、讲经堂、雪香宫、寿星宫、广寒宫、灵霄殿、十万大山、塔林洞、金鼠宫、望山湖、水乡泽国等景区。洞内有各种奇形怪状的石柱、石幔、石花等，组成奇特景观。

最大的洞厅面积达30000多平方米。每座厅堂都有琳琅满目的钟乳石，大的有数十米，小的如嫩竹笋，千姿百态。还有玲珑剔透、洁如冰花的卷曲石及霸王盔、玉玲珑、双鱼赴广寒、水母石、碧眼金鼠等景观，形态逼真，五彩缤纷。"银雨树"高达17米，挺拔秀丽，亭亭玉立于白玉盘中，人人赞叹。

织金洞地处乌江源流之一的六冲河南岸，属于高位旱溶洞。洞中遍布石笋、石柱、石芽、钟旗等40多种堆积物，形成千姿百态的岩溶景观。洞道纵横交错，石峰四布，流水、间歇水塘、地下湖错置其间。被誉为"岩溶瑰宝""溶洞奇观"。

织金洞在世界溶洞中具有多项世界之最：如整个洞已开发部分就达35万平方米；洞内堆积物的多品类、高品位为世间少有；洞厅的最高、最宽跨度属于极致；神奇的银雨树，精巧的卷曲石举世罕见。

最大的景物是金塔宫内的塔林世界，在16000平方米的洞厅内，耸立着100多座金塔银塔，而且隔成11个厅堂。金塔银塔之间，石笋、石藤、石幔、石帏、钟旗、石鼓和石柱遍布，与塔群遥相呼应。

　　织金洞属亚热带湿润季风气候区域，地处我国乌江上游南岸，系受新构造运动影响，地块隆升，河流下切溶蚀岩体而形成的高位旱溶洞。

　　地质形成约50万年，经历了早更新世晚期至中晚新世。由于地质构造复杂多变，使该洞具有多格局、多阶段和多类型发育的特点。

　　织金洞是一个多层次和多形态的完整岩溶系统，是目前世界溶洞的佼佼者之一。洞内堆积物的高度平均在40米左右，最高堆积物有70米，比世界之最的古巴马丁山溶洞最高的石笋还要高7米多。

　　从洞的体积和堆积物的高度上讲，它比一直誉冠全球并列为世界旅游溶洞前六名的法国、前南斯拉夫等欧洲国家的溶洞要大两三倍。

　　织金洞规模宏大，形态万千，色彩纷呈。雄伟壮观的"地下塔林"、虚无缥缈的"铁山云雾"、一望无涯的"寂静群山"、磅礴而

下的"百尺垂帘"、深奥无穷的"广寒宫"、神秘莫测的"灵霄殿"、豪迈挺拔的"银雨树"、纤细玲珑的"卷曲石"、栩栩如生的"普贤骑象""婆媳情深"等一幅幅大画卷，令人心魄震惊，叹为观止。

瑰丽多姿的喀斯特地貌风光，把织金洞映衬得气势恢宏。在织金洞地表周围约5平方千米范围内分布有典型的罗圈盆、天生桥、天窗谷、伏流及峡谷等，

被国际知名的地貌学家威廉姆称为"世界第一流的喀斯特景观"。

织金洞最显著的特征是："大、奇、全"。"大"是指织金洞的空间及景观规模宏大，气势磅礴；"奇"是指景观及空间造型奇特，审美价值极高；"全"是指洞内景观形态丰富，类型齐全，岩溶堆积物囊括了世界溶洞的主要堆积形态和类别。

迎宾厅由于洞口阳光照射，厅内长满苔藓。岩溶堆积物如巨狮、玉蟾、岩松。厅顶有直径约10米的圆形天窗，阳光可直射洞底；窗沿串串滴落的水珠，在阳光的照耀下，仿佛撒下千千万万个金钱，称"圆光一洞天"，又名"落钱洞"。

侧壁旁一小厅，中有一棵10余米高的钟乳石，形如核弹爆炸后冉冉升起的蘑菇云，名"蘑菇云厅"。厅内还有直径约4米的圆形水塘，站立塘边，可观看塘中如林石笋和洞窗倒影，名"影泉"。

　　讲经堂因岩溶堆积物如罗汉讲经得名。中间有一面积300平方米的水潭，被钟乳石间隔为二，名"日月潭"，系全洞最低点。潭中岩溶物形如3层宝塔，顶端坐一佛，如聚神讲经。

　　塔林洞又称"金塔城"，呈金黄色，熠熠闪光。群塔将景区分为11个厅堂，其间遍布石笋、石柱、石帷、钟旗，形态各异，气象万千。

　　"蘑菇潭"潭水中有无数朵石蘑菇，影随波动；"石鼓"面平中空，水点滴在鼓上，咚咚作响。

　　"塔松厅"内有相对两棵石松，一棵黑褐色，高5米，酷似针叶的钟乳石聚成片状凝结在主干上，下大上小，呈塔形；另一棵高近20米，层层叶面上如覆白雪，名"雪压青松"。

　　远古时洞顶塌落的巨石堆积如山，称"万寿山"，后来山上又覆满岩溶堆积物。上有珍奇的"穴罐"，呈椭圆形。旁有"鸡血石"，晶莹绯红，酷似"孔雀开屏"。有3尊"寿星"，高10米至20米。洞顶和厅壁由黄、白、红、蓝、褐诸色构成美丽的图案。

　　望山洞是织金洞中枢纽，可通往各大景区。湖边钟乳石呈黑色，其中最大的一棵高达10米，形如铁树，树身布满千万颗黑色石珠，上端右侧呈白色，如雪花被覆，称"铁树银花"。

湖东北岸是一陡峭斜坡，路歧出，一条18盘，绕27拐，登441石级进"南天门"，入"灵霄殿"；另一条经422石级进"北天门"，入"广寒宫"。

江南泽国分为漫谷长廊、宴会大厅、北海陇、江南泽国4个部分。

"漫谷长廊"，洞廊深长、壁间钟乳石奇异多姿；"宴会大厅"，面积10000多平方米，洞内平坦干燥，是理想的休息、进餐和活动场所。

"北海陇"中的数条游龙似的边石坝蜿蜒伸展，钟乳石林立；中有一深潭，潭中有9根石笋，称"清潭九笋"；"江南泽国"的流水、湖泊、水塘、水田交错，流水潺潺，田水如镜。

雪香宫中的岩溶堆积物如茫茫雪原，冰柱四立，玉帷高挂，俨然一派北国风光。其间，有自然形成的20多块谷针田、珍珠田、梅花田；有20余个大小不一的石盾；有数十面红色透明的钟旗，叩之如钟声；有百余棵石竹形成的"竹苑"，意趣横生。

"卷曲石洞"在200余米的洞厅顶棚上，布满数万颗晶莹透亮的卷曲石，中空含水，弯曲横生，甚至向上生长。

"灵霄殿"两壁垂下百尺石帘，五彩斑斓，俨然天宫帷幕。正中有一棵石柱拔地而起，直抵顶棚，称"擎天柱"。柱后有面积约20平方米的水池，石莲漂浮出水面，称"瑶池"。

"广寒宫"群山耸列，陡峭险峻。两山间为开阔平地，地下湖横陈其间。有60余米高的"梭罗树"，长满成千上万朵石灵芝；有17米高的"霸王盔"，酷似古时武士头盔；有50米高的石佛，巍然屹立；有17米高的"银雨树"，亭亭玉立，洁白有光。

"十万大山"洞内地势起伏，石峰丛立。山间常有云雾缭绕，有金色塔山、成林玉树，还有螺旋状的高大石柱"螺旋树"。洞内还有"珍珠厅"，石珍珠晶莹闪光，熠熠生辉，似人间仙界。

知识点滴

织金洞位于苗族地区，在这里，你可以领略苗族射弩表演的伟力，可以与苗胞相携随乐跳起芦笙舞，可以亲身感受苗家儿女求偶择伴的"跳花"情景。

这里有颇负盛名的织金"残雪""金墨玉"大理石系列工艺品，做工古朴的蜡染纪念品和砂器用具，可供游人赏玩择购，营养极高的竹荪，天麻等产品，都是织金县久负盛名的特产，不仅口味极佳，更是美容养生的佳品。浓郁的民族风情，独特的风物特产，丰富和充实了人们的名洞之旅。

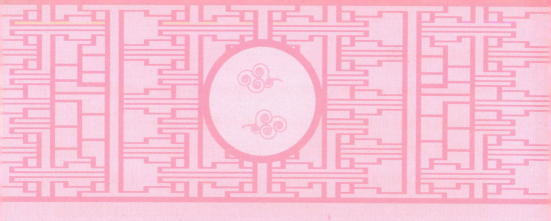

地热之乡——腾冲火山

　　位于高黎贡山山麓的腾冲，是著名的地热之乡，火山群规模大，保存完好，形态各异，怪石林立，浮石、火山蛋、火山溶洞典型，被誉为"天然的地质自然博物馆"。

　　腾冲地处欧亚大陆板块与印度大陆板块交会处，地壳运动活跃，

带来频繁地震，剧烈地震又引发火山爆发。火山喷发停止后，熔岩冷却，形成了无头的山——火山。腾冲有70多座火山。

徐霞客曾在他的游记中记载了1609年打鹰山火山喷发，从李根源《烈遗山记》中描述的"腾冲多火山，志载明成化、正德、嘉靖、万历年间火山爆发多次"，说明几百年前，腾冲火山区有过喷发活动。

腾冲现有保存完好的休眠火山群，最高的海拔2.7千米，相对高差为60米至1000米。火山群分布在腾冲县城周围。城南的左所营因火山喷发的熔岩沿河谷奔泻而下，蜿蜒起伏形似一条黑色大蟒，称火山蛇，可和英国"区人堤"和美国的"魔鬼岩"媲美。

腾冲坝子处于火山群的环抱之中，在南北长约90千米，东西宽约40千米的狭长区域内排列着70多座火山。科学家已经探明腾冲火山最近喷发年代从前人认为距今5万年拉近到距今3800年，现在是它的休眠期。腾冲火山以其分布广、规模大而闻名，形成我国最富有魅力的自然景观之一。

腾冲火山群是我国最年轻的火山群之一，其规模和完整性居全国之首，古往今来，一直吸引着众多科学工作者对其进行考察研究。97座新生代火山锥雄峙苍穹，多系截顶圆锥状火山，火山锥体最高达214米，火山口直径可达400米，深60米。

目前火山口保存最完整、有较高科考和观赏价值的是距城20千米的马站火山群，有大空山、小空山、黑空山、城子楼山、大团山、小团山、长坡山、打鹰山以及距城4千米的马鞍山、老龟坡火山等22座，像一个个精艺盆景，极为壮观。

腾冲地热众多，有汽泉、温泉、热泉、沸泉80余处，有硫磺塘大滚锅、黄瓜箐热气沟和澡塘河热泉。该景区还被誉为"天然花园""物

种的基因库"。

　　硫磺塘大滚锅位于县城西南11千米处的一个山坳中，登上山坡，只见热气袅袅，淡淡的硫磺味扑鼻而来。坡头灌木林中有一眼沸泉，呈圆形，周围用半圆形石板围成。圆形水池直径3米左右。池底无处不冒气喷水，整个水池白浪翻滚，热气腾腾，一片热雾缭绕。

　　黄瓜箐热气沟位于硫磺塘以南，这是一条南北走向的小山沟，沟底有条小溪，虽没有温泉，地面上却到处都在冒着热气。

　　澡塘河位于硫磺塘大滚锅和黄瓜箐热气沟之间，这里因为火山喷发的熔岩沿澡塘河河谷奔泻而下，蜿蜒起伏，形似一条黑色大蟒，俗称"火山蛇"。

　　河谷高温沸泉水温达95度，气沟之中有蛤蟆口喷泉，狮子头热泉，加上河床上喷涌的大量热气、热泉，团团浪花从河谷冉冉升起，白雾迷茫，煞是好看。在冬春两季，河水流量小，小河水温一般在40

度左右，到处可以洗澡，可谓名副其实的澡塘河。

腾冲地热火山风景区有种类繁多的动植物，有人赞誉高黎贡山是"植物王国的大花园""横断山中百花园。"这里是我国杜鹃花、山茶和木兰科植物的分布中心。

杜鹃为四大高山名花之首，这里的"杜鹃王"更是稀世珍宝。有一棵被命名为大树杜鹃的杜鹃王，树高25米，树龄280多年。

知识点滴

传说古时候，平江县的洞庭湖边住着一对打鱼的老人。老婆婆到了60岁才怀上孕，后来生下一对漂漂亮亮的姐妹，大的取名昌姐，小的取名纯妹。

一晃，姐妹俩长得如花似玉。有一天，土豪劣绅家做媒的来了，姐妹俩不同意。

第二天，知府公子带着人马抢亲来了！于是，姐妹俩一个向北，一个向南分头跑去。最后无路可走时，她们就各自栽进了洞庭湖，水花一落，从水底下升起两座大山。北面的是昌姐变的，叫昌山；南面的是纯妹变的，叫纯山。

中部地质

　　我国中部喀斯特分布于秦岭—淮河一线以南。地下河较热带多而短小。正地形不很典型，主要为馒头状丘陵，洞穴数量较热带大为减少，以溶蚀裂隙性洞穴居多，溶蚀型拱状洞穴在亚热带喀斯特的南部较多。

　　我国中部气候温暖，地形以平原丘陵地带为主，其中著名的景观有太极洞、云台山和江郎山等处，这些风景区有深邃幽静的沟谷溪潭，千姿百态的飞瀑流泉，如诗如画的奇峰异石，形成了独特完美的自然景观。

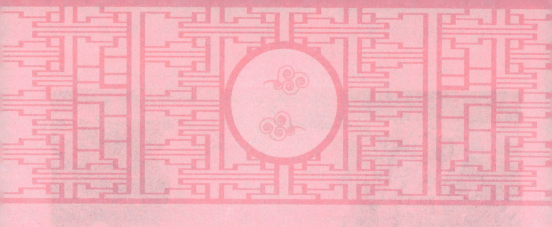

东南第一洞——太极洞

太极洞坐落在安徽广德县境内，和江苏省宜兴市的善卷洞、张公洞、灵谷洞位置邻近并与之齐名。

洞内景观瑰丽，历史遗存丰富，钟乳奇石，百姿千态：有的如莲、如笋、如柱、如花、如幔；有的如兽、如人；有的如钟、如鼓、

如棋、如桌；有的如翔凤、如潜鳞，令人叹为观止。

太极洞，古称"长乐洞""广德埋藏"，分旱洞、水洞两部分，洞内景色奇妙、瑰丽，具有险峻、壮观、绚丽、神奇的景观特色，集全国溶洞之精华。

早在2000多年前即被称为天下一绝，《我国石林》称道"桂林山水，广德石洞"，民间有"黄山归来不看山，太极游完不看洞"之说。

太极洞形成于2.5亿年前的地壳运动，早在2000多年前即是人们游览猎奇的理想场所，至今洞内仍保存着宋朝范仲淹、明代吴同春游历时的碑刻。

太极洞洞体规模宏大，洞深几十千米，大洞套小洞，洞洞相通，忽狭忽敞，时高时低，忽温忽凉，忽陆忽水，给人们以变幻莫测之感。

上洞由山顶洞口而入，山脚洞口而出。下洞规模大，景观多。洞口上方刻有"太极洞"3字，系明代万历年间刑部侍郎吴同春手迹，至今依然可见。

洞正面的崖石上，有吴同春书刻"二仪攸分"4字，自此分东西两洞。东洞峭刻诡谲，乳膏融结，前行百余米遂现水洞，洞中高峰出谷，瀑布流泉，瑶池玉阶，地下银河，玉带金光。

太极洞是一座庞大的地下溶洞群，分上洞、中洞、大洞、水洞和天洞；洞中有水，洞洞相连，形成了奇丽的天然景观。其中如"壶天宫""玉皇宫""海天宫""洞中黄山""大千世界"和"仙源小三峡"等景点，都有独特的奇趣。

明代文学家冯梦龙在《警世通言》中称誉"雷州换鼓""广德埋藏""登州海市""钱塘江潮"为"天下四绝"。"广德埋藏"就是指广德地下的庞大溶洞群。

在两仪宫"二仪攸分"石刻前的平台上，有奇石为"八仙过海"。洞中八仙，或坐或立，或歌或啸，神态各异，栩栩如生。此处还有太上老君的石化仙容，故此处景点又名"八仙朝圣"。

八景宫，又名老君洞。有一块凌空垂悬的巧石，酷似神话传说中的道教始祖太上老君。但见肩披鹤氅，慈眉善目，银须飘拂，惟妙惟肖。

太上老君巧石附近还有青牛听经、丹灶飘香、仙龟听法、千年古槐、卧牛石、水滴石穿等景，虽然都是熔岩天成，但是情趣各有不同。

太极洞内的八仙朝圣、石化仙容、仙舟覆挂、双塔凌霄、洞中泛舟、金龙盘柱、洞中黄山、洞中三峡、壶天映月和洞外的太极天壁，统称为"洞天十大奇观"。

"太极洞"山门前有碧波荡漾的"砚池湖"，相传是范仲淹当年

洗砚之处，洞口附近还有"实相院""洞宾楼""天游亭""范石亭""山门牌楼""太极山庄"等古建筑群散落在翠竹碧水之间，与洞内景观相映成趣。

太极洞水洞亦为一奇，其水面开阔，可容小舟徜徉其间，任意东西。如乘小舟游水洞，只见洞壁上的奇石，在五色光的照耀下，灿若群星，使人有置身银河之感。

水洞中最著名景观有"擎天玉柱""蝙蝠神蚕""悬关隘口"等。

水洞中的景观大都以"物象"命名，睹名即可知其形。只不过有的以"单象"命名，有的以"群象"命名而已。

如"太上老君"似白发苍苍，合掌诵经的老人；"槐荫古树"似树干挺拔、枝叶繁茂的古树；"仙舟覆挂"似底面朝上、高悬半空的小舟；"双塔凌霄"似上下倒置、基座入云的古塔；"金龙盘柱"似祥云缭绕、长龙缠裹的玉柱；"洞中黄山"似雄伟峻峭、秀丽奇幻的黄山。

以上"六奇"即以"单象"命名。

"万象览胜"为太极洞最大厅"万象宫"的奇景，其景物荟萃，气象万千。"太极壁画"为太极洞回廊两侧石壁上的奇景，它像众仙聚会、雄师出征、沙场交兵、困兽争斗等。"壶天极目"为太极洞"壶天宫"钟乳石的奇景，其吊顶悬空，姿态万千。

以上"三奇"即以"群象"命名。只有"滴水穿石"例外，其名揭示了兔形石上小孔的成因，是以"成因"命名。

据史记载，宋代范仲淹在广德任职时为该洞题过诗，宋元以来不少文人墨客，挥毫于洞壁，题刻于岩上。其壁上的摩崖石刻，琳琅满目，苍劲有力，仅初步查明赞誉太极洞古诗和游记就有10多篇。

太极洞的自然景观和人文景观堪称丰富多彩，名闻遐迩，光彩宏伟，集险峻、奇丽、神秘于一体，历史悠久，观赏价值高。

知识点滴

相传很早以前，西域有个劫国，劫王叫庄严，后改名妙庄。他们过着游牧生活。妙庄王生了3个女儿，长女名妙欲，次女名妙善，三女名妙音。

三姊妹天生好静，经常到白雀寺礼拜神灵。可是，妙庄王对女儿们的行径大为不满，喝令火烧白雀寺。殊不知，三姊妹不但没从寺中逃出来，而且还从容地向烈火中走去。

后来，民间流传歌谣说：观音菩萨三姊妹，同锅吃饭各修行，大姐修在灵泉寺，二姐修在广德寺，唯有三姐修得远，修在南海普陀山。

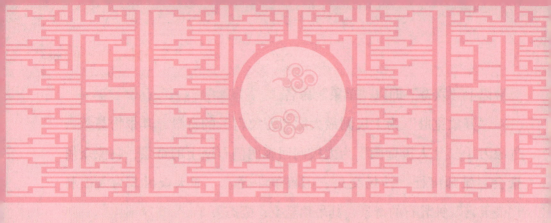

山奇水秀——云台山

云台山位于河南省焦作修武县和山西陵川县境内，以独具特色的"北方岩溶地貌""云台山水"被联合国教科文组织列入全球首批世界地质公园名录。

云台山在远古时是一片汪洋，在燕山期，北部上升，形成高山，

南部下降，形成平原。在喜马拉雅造山运动影响下，又使山区急剧上升，河流迅速下切，形成又深又陡的峡谷。其后，地表、地下水沿裂隙对岩石进行溶蚀，再加上风化的影响，就造成如今的山石形态。

云台山以山称奇，整个景区奇峰秀岭连绵不断。踏千阶的云梯栈道登上茱萸峰顶，北望千里太行深处，巍巍群山层峦叠嶂，南望怀川大平原，沃野千里、田园似棋，黄河如带，山水相连，不禁使人心旷神怡，领略到"会当凌绝顶，一览众山小"的意境。

云台山素以"三步一泉，五步一瀑，十步一潭"而著称。云台天瀑是亚洲落差最大的瀑布，犹如擎天玉柱，蔚为壮观。天门瀑、白龙潭、黄龙瀑、丫字瀑皆飞流直下，形成了云台山独有的瀑布景观。多孔泉、珍珠泉、王烈泉、明月泉清冽甘甜，让人流连忘返。

温盘峪位于云台山景区子房湖南端。温盘峪景区低凹于地表之下，两岸峭壁山石，仿佛鬼斧神工雕琢而成，又好像名山大川浓缩后的精华，峭壁间时有一挂挂珠帘似的泉瀑争相倾泻，流水急湍，瀑声若雷,若蓝天丽日下会映出一道彩虹。

在1千米之内,富集"逍遥石""相吻石""灵龟戏水""双狮吸水""幽瀑""穿石洞""孔雀开屏""棋盘石"等景观,览之步步奇景,观之美不胜言。

由于在地表之下,又窄又深的峪内的空气不能与外界大气候正常交流,便形成峡谷内特有的小气候。盛夏时节,峪外酷热难挡,峪内却一片秋意;隆冬时节,峪外冰天雪地,峪内却花红草绿,苔类植物生长茂密,显得春意盎然;冬暖夏凉,温度适中,仿佛处在恒久的温暖中,故名"温盘峪"。

温盘峪的整个峡谷,由红岩绝壁构成,属于我国北方地区少有的丹霞地貌峡谷景观,崖壁通体赤红色,故又俗称"红石峡"。

温盘峪谷口南端有一狭窄的峡谷,称为"一线天",是一处高50多米的瀑布,称为"白龙瀑布"。

青龙峡作为云台山的主要景点之一，有"云台山第一大峡谷"的美誉，婀娜多姿的旺荣瀑，翠绿如玉的同心潭，妙不可言的石上春秋，构成了青龙峡大气磅礴的山水立体画卷。

泉瀑峡沟内高峰耸立，气势恢宏，花木繁茂，泉壑争流，沿沟上行可以看到华夏第一大高瀑。瀑布上端如同朵朵白云，下端宛如飞花溅玉，纷纷扬扬，洒入墨绿色的水潭。

急泻而下的瀑布，在水潭中溅起一米多高的水花，又化成一团水雾，把瀑布罩在蒙蒙的雾中。若雨多的季节，气势更为磅礴。山洪暴发时，瀑布像脱缰之烈马，日夜奔腾，声震数里，近听如闷雷轰响，远听似古钟长鸣。

潭瀑峡地处云台山北部偏西，是主要河流子房河的一个源头。沟东面，峭壁耸翠，基岩裸体；沟西面，竞秀峰参差俏丽，峰群一字排列，峰峰直立，争奇斗异。

在曲曲弯弯的沟槽内，潆洄着一条会唱歌、会跳舞的溪水小龙溪。小龙溪则像一队美丽的歌舞明星，以层层台阶作舞台载歌载舞，翩翩历阶而下。

茱萸峰俗名小北顶，又名覆釜山，因其形貌似一只倒扣的大锅而得名。相传，王维曾在此作名诗《九月九日忆山东兄弟》：

独在异乡为异客，每逢佳节倍思亲。
遥知兄弟登高处，遍插茱萸少一人。

峰腰有药王洞，相传是唐代药王孙思邈采药炼丹的地方，药王洞口有古红豆杉一棵，树干粗达三人合抱，枝繁叶茂，树龄在千年左右，是国内罕见的名木。

万善寺坐落在形似奶头状的阎王鼻山峰下面，周围青山环抱，风景秀丽。它始建于明朝万历年间，相传是朝廷为了镇治此处帝王风脉而建，寺名也属御赐。

峰林峡以山水交融的翡翠湖为主体，融山的隽秀、水的神韵为一体，被誉为"人间天上一湖水，万千景象在其中"。

云台山山险水秀，这里泉源丰富、植被茂盛，原始次生林覆盖了整个山峦，各种树木和奇花异草种类达400多种。中药材蕴藏丰富，除人参、灵芝外，还有闻名国内外的茱萸、连翘、天麻、当归等。

知识点滴

子房湖又叫"平湖"。因汉代张良，字子房，曾在沟谷西侧的山峰上，日夜操练兵马，帮助刘邦成就大业后隐退至此，因此而得名。

湖水面积53.3公顷，长约4千米。两岸青山对峙，绿水如荫。苍翠的山，墨绿的水，相依相偎，展现出一幅壮阔波澜之景。早晨和下午湖面阴一半晴一半，一边金光闪烁，一边碧绿透明。正午时，它像一面巨镜，把直射的阳光反射出去，使人眼花缭乱，堪称云台山一奇观。

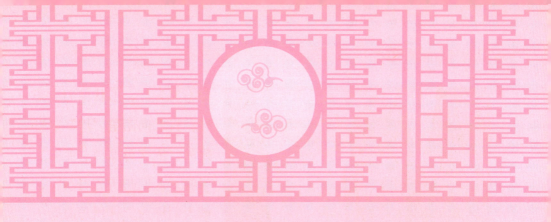

丹霞第一峰——江郎山

　　江郎山位于浙江省衢州市江山市江郎乡境内。江郎山景区由三爿石、十八曲、塔山、牛鼻峰、须女湖和仙居寺等部分组成。

　　江郎山山形主体为3个高耸入云的巨石，三巨石拔地冲天而起。形

似石笋天柱，形状像刀砍斧劈，自北向南呈"川"字形排列，依次为郎峰、亚峰、灵峰，人们叫"三爿石"，被人们称为"神州丹霞第一峰"。郎峰峭壁上有明代理学家湛若水摩崖题刻"壁立万仞"4字。

江郎山不仅聚岩、洞、云、瀑于一山，集奇、险、陡、峻于三石，雄伟奇特，蔚为壮观，而且群山苍莽，林木叠翠，窟隐龙潭，泉流虎跑，风光旖旎。每当云雾弥漫，烟岚迷乱，霞光陆离，常凝天、山于一色，融云、峰于一体。

江郎山主要景点有倒影湖、会仙岩、霞客亭、天然国画、一线天、天桥、虎跑泉、铁索桥、伟人峰、江郎书院、神笔峰、丹霞赤壁、天梯、钟鼓洞、烟霞亭、仙居剑瀑、须女湖、十八曲等。

问天亭在郎峰顶，在那可以看到连绵起伏的群山，仿佛置身于云雾之中。

江郎山为我国典型的丹霞地貌景观，3座石峰呈川字形排列，分别称郎峰，亚峰，灵峰。石峰状如天柱，摩天插云。

三峰之间有大弄、小弄可出入。小弄内岩壁如削，宽仅3米余，被称为"我国一线天之最"。

郎峰平均坡度88度，历来无人可上，让无数游客浮想联翩。唐朝白居易有诗说道："安得此身生羽翼，与君往来醉烟霞。"

石壁凿有3500余级石阶，曲折攀援而上约1千米可达峰巅。伫立峰巅，时有白云从身旁飘过；俯瞰脚下，百里山川尽收眼底。

廿八都镇是一个始于唐代、繁盛于明清的古镇，三省边界的地理位置和历史上的频繁战争、屯兵、移民，使廿八都成为"方言王国"和名副其实的"百姓古镇"，长条形布局的城镇，古建筑风貌依旧。

枫溪水自北向南穿镇而过，民居依山傍水，沿溪而建。青山绿水间，黛瓦青墙、保存完整的古建筑群错落有致，至今仍保留着19世纪的风貌。

其建筑风格之多样，集浙式、徽式、闽式、赣式、苏式、云贵，甚至欧式于一身；其雕刻之精美，乃融木雕、石雕、砖雕于一体；其民俗淳厚，耕读传家，小小古镇竟有两个孔庙，而孔庙中，居然保存

了400多幅彩色壁画。所以，有专家称其为"天然民俗博览馆"，是一块神奇的"文化飞地"。

仙霞关是"浙江诸山之祖"，是全国保存最完整的唐末黄巢起义遗址，素有"东南锁钥，八闽咽喉"之称。仙霞关含仙霞古道、古关隘、冲天苑以及岭南的省级文化名镇廿八都和浮盖山等主要景点。

这里是与剑门关、函谷关、雁门关齐名的我国四大古关口。仙霞古道在崇山峻岭中蜿蜒，一路林木森森、篁竹蔽天，古道石级缝中冒出青草，有浓浓的苍凉感。从江山市的仙霞关至枫岭关，道道险关扼守着这条从唐朝到近代浙、闽间唯一的商旅要道。

枫岭又名大竿岭，在江山市须江镇西南，浙、闽两省界上。古时多塘枫，故名。主峰尖峰山，山势险要，有"东方剑阁"之称。

文溪书院原名涵香书院，1737年清朝知县宋云会建于县学西。后来知县雷士全见求学者甚众，于院西侧扩建，前为大门，中为讲堂，左为山亭，右为岸舫，后为讲堂，前后左右书室共32间，四周树木成荫，绕以回廊，改名"文溪"。

再后来知县李玉典、教谕蔡炳勋、训导宋文鉴重建，于讲堂、讲舍外，两廊添设考棚，兼作课士之所。

江山双塔位于江山城郊，对峙于江山江两岸。江东为百祐塔，江西为凝秀塔。有关双塔，流传着英俊少年百祐爱上了美丽的姑娘凝秀的动人故事。双塔成为江城一胜景，也成了坚贞不渝爱情的象征。

江郎山素有"雄奇冠天下，秀丽甲东南"之誉，拥有我国丹霞第一奇峰、全国一线天之最、天然造化的伟人峰，惊险陡峻的郎峰天游和千年古刹开明禅寺等景观。

千百年来，众多英杰名士为江郎山留下了大量的游踪遗墨，祝其岱、白居易、陆游、朱熹、徐霞客、郁达夫等骚人墨客更为江郎山增添了丰富的文化内涵。

江郎山古称金纯山，很久以前，山脚下住着一户勤劳善良的人家——江氏三兄弟。

有一天，天上的美丽仙女须女仙子乘风来到金纯山上，慧眼望去，只见江氏英俊的三兄弟正在田间劳作，于是她飘然而至，彼此邂逅，渐生爱慕之情。无奈仙界人间两重天，当仙子返回天庭后，痴情的江郎三兄弟天天站在高山之巅守望等待着须女仙子的归来。

天长日久，江氏三兄弟化为三爿石耸立在金纯山上。从此，金纯山改叫江郎山，三爿巨石分别为郎峰、亚峰和灵峰。

知识点滴

黄河第一瀑——壶口瀑布

黄河壶口瀑布风景名胜区，地处晋陕大峡谷中段，两岸夹山。

滔滔黄河到此被两岸苍山夹持，束缚在狭窄的石谷中，洪流骤然收束，这时河水奔腾怒啸，山鸣谷应，形如巨壶沸腾，最后从20余米高的断层石崖飞泻直下，跌入30余米宽的石槽之中，听之如万马奔

腾，视之如巨龙鼓浪，波浪翻滚，惊涛怒吼，声震数里，其形如巨壶沸腾，故名壶口瀑布。

黄河壶口瀑布国家地质公园其东西两侧的界线即由河道中心线向两侧分别扩展，它以气势磅礴的壶口瀑布为主要地质遗迹。

黄河壶口瀑布是黄河河道上第一大瀑布，它飞流直泻，巨浪滔天，气吞山河，涛声震天，两岸残崖峭壁，黄河水在这里造成"千里黄河一壶收"的天下奇观。

排山倒海般的瀑布冲击岩石发出"谷涧响雷"的轰鸣；巨涛激起数十米高的浪花，远看似"水里冒烟"的奇观，阳光下引导出"彩虹通天"的美景。

走进壶口瀑布，在阵阵轰鸣中，近距离感受"黄河之水天上来"的壮阔：滔滔黄河水，挟雷霆万钧之势，直下百丈悬崖，掀起腾空黄浪，排山倒海，震天撼地。

据说，壶口瀑布是一个移动的瀑布。而壶口瀑布在移动的过程中，就在这砂石河床上冲开了一条深约60米的龙槽。

越走近壶口，轰隆隆的水声越发振聋发聩。400米宽的河面，突然漏斗一样被束成不足50米的一柱，形成特大马蹄状瀑布，径直地砸向30米深的石槽中，真是"天下黄河一壶收"了。

数千米外都可以听到，水波急溅，激起百丈水柱，形成腾腾雾气，真有惊涛拍岸、浊浪排空的气势，其声、其势、其景，动人心魄。

"十里龙槽"是瀑布向源侵蚀切割的结果，全长4.2千米，两侧中生界砂岩高15米至20米，是全黄河最狭窄处。在河道约束下，河水奔腾咆哮，浊浪翻滚回旋，气势磅礴。

瀑布上下基岩上，到处可见水流冲蚀槽及大大小小流水携带沙砾掏蚀成的圆形坑，这便是著名的"石窝宝镜"：强烈的河流旁切作用，将原来岸边山体硬切成河心岛，上方的孟岛，下方的葫芦岛。

壶口瀑布的形成与当地的地层、构造、气候和水文等自然地理因素条件有关。壶口一带出露的基岩主要是三叠系纸坊组，上部为紫红

色、紫灰色和灰绿色细砂岩与泥质岩类互层；下部为厚层砂岩、薄层砂岩、泥岩类岩石。页岩比较发育，因而河谷中的岩层软硬交替，使流水的侵蚀作用得以加剧。

壶口瀑布形成的最主要是由于印支运动作用结果形成的两组节理，一组为基本顺河水流向发育；另一组为跨河发育的。此外，沿这两组节理在瀑布的孕育段、形成段及消亡段也出现过一些断层。

由于在壶口及其孟门山以南地层倾角很小，节理发育，断层偶见，地层又相当水平，所以，易于被构造作用切割得支离破碎。

所以说，壶口瀑布的形成是节理断层发育和河水的强烈切割下蚀两大因素所致。

黄河壶口瀑布地质遗迹的价值是：

壶口瀑布地质遗迹具有典型性，其特有的侵蚀型、潜伏式黄色瀑

布属世界罕见，公园内地质遗迹类型齐全，遗迹清晰，规模大，具有很强的典型性、科学性和观赏性。

壶口瀑布地质遗迹属世界上唯一的特殊地质遗迹，大峡谷中的谷中谷遗迹，其成因十分特殊，在国内外均属少有的遗迹。

园内地质遗迹保存完好，基本保持自然状态，极少受到人为破坏。园内各种地质遗迹现象丰富多彩，保存完善，系统而完整地反映了黄河壶口瀑布生成、演化的完整过程。

壶口地质遗迹的形、声、色、光，给人以强烈的美的感受，具有极高的美学价值。壶口在地学和生态学等方面，具有极高的科学价值和观赏价值，利用潜力大，可以建立壶口科学研究中心和地质博物馆，对研究黄河发育史、黄土生成、演化等问题，具有重要的科学理论价值。

在壶口两边石岸上，分布着无数个大小不一，形状各异的石窝。民间相传，这些石窝乃当年大禹治水时留下的马蹄踪，故又称"石臼仙踪"。其实这些石窝水洼并非人工所凿，而是经洪水激流数千年来冲击石块盘旋磨蚀而成，因此，每个坑从坑沿滑到壁都光滑无比，而且每个石窝里都有一个圆形石头。由此可见大自然的造化之力。

明代有人作诗赞美说："河底有天涵兔影，山间无物掩蟾光。因其孟门开宝镜，嫦娥向晚理残妆。"

北方地质

　　我国北方地区地形以平原为主，兼有高原和山地。东北平原和华北平原是我国面积最大、最完整的两大平原。黄土高原位于太行山以西、乌鞘岭以东、长城以南、秦岭以北之间的地区。黄土高原、华北平原被称为是"黄土地"。

　　我国北部草原广阔，地质遗迹丰富多样，其中主要的有野三坡、金石滩及本溪水洞等处，这些景观山异、石奇、水美、林丰，构成了原始自然、形象逼真的天然地质景观，是不可多得的天然地质宝库。

世外桃源——野三坡

野三坡位于我国北方两大山脉太行山脉和燕山山脉交会处。巍巍太行从这里沿冀、晋、豫边界千里南下，峥峥燕山从这里顺京、津、冀一路东行。

野三坡是我国北方极为罕见的融雄山、碧水、春花、秋叶、瀑布、冰川、奇峡、怪泉、摩崖石刻、长城古堡、名树古禅、高山草甸和空中花园于一体的独特自然风景区。

这里有嶂谷神奇的百里

峡、森林繁茂的白草畔、风光旖旎的拒马河、神秘离奇的鱼谷洞和九瀑飞泻的上天沟，总揽了泰山之雄、黄山之奇、华山之险、峨眉之秀和青城之幽。既不乏流水的灵动与秀丽，又有着北方山岭的巍峨和连绵。

野三坡地质遗迹丰富多彩，拒马河水川流不息，生态环境原始自然，历史文物稀有珍贵。

这里浓缩了太行之情、燕山之华，汇聚了五岳神秀，再现了14亿年来地质演化过程，传承着中华古老文明。

融雄山碧水、奇峡怪泉、文物古迹、名树古禅于一身的风景名胜区。

野三坡雄踞在紫荆关深断裂带北端之上，多期强烈的构造运动和岩浆活动致使这里留下了一幅幅雄伟的历史画卷。

雄伟、险峻、神奇、幽深的百里峡构造——冲蚀嶂谷和气势磅礴、巍然矗立的龙门天关花岗岩断裂构造及深邃莫测的佛懂洞塔——鱼谷洞构造岩溶洞泉，体现了其内容丰富、类型齐全、典型独特的地质遗迹特点，造就了它峭壁千仞、如箭插天之雄，危崖绝壁、夹涧而立之险，怪石嶙峋、千姿百态。

野三坡地质遗迹有典型性、稀有性和系统性，是华北板内造山带

的典型代表。此外，野三坡还有完整的地质遗迹，各类不整合面清晰，侵入岩、火山岩、沉积岩、变质岩各类岩石遗迹齐全，异常发育的构造节理、断层、褶皱等构造遗迹突出，山地夷平面、河流阶地各种拟态等地貌遗迹丰富多彩。

野三坡共有七大景区，108个景点，或峰峦耸立，上临霄汉；或碧翠漫野，幽泉叮咚；或奇岩嵯峨，巍然屏立；或葱郁险峻，妖娆连绵。

春风吹来，野三坡碧草青青，山花浪漫，流连于拒马河边，看山岭之上山桃花如雪如火，徜徉于峡谷之内，感岩壁之中野树嫩草生机无限。更有白草畔景区的冰川杜鹃，银白的冰雪世界之中，杜鹃花迎风怒放，让人不知身在何处，恍惚疑是天上人间。

仲夏时节，骄阳似火，而这时候的野三坡却是一个清凉的世界，在曲折幽深的百里峡内，阵阵轻风裹挟着海棠花沁人心脾的花香，漫步在鹅卵石铺就的小路上，惊叹于大自然雕琢的回首观音、一线天和老虎嘴等壮景。

深秋将至，天高云淡，野三坡群山逶迤，苍莽辽阔，满目之中层林尽染，天越发地蓝，水越发地清，山头微见积雪，山间火红金黄，而山脚下，却依然是绿草如茵。

不仅有野三坡的山水显露着大自然的青睐和天地之间的和谐，更有数百种或大或小、或静或闹的动物穿梭于山林中，飞翔于峰峦间。

野三坡的美是大自然的杰作，重峦叠嶂、碧影滴翠、溪流瀑布、山花绮丽、飞禽走兽、峡谷峰林，共同构成了一幅独具风采的生态画面。

野三坡有甲绝天下的峡谷风光，有抚今追昔的怀古幽情，还有来自全国各地的少数民族的表演。表演场，苗族的上刀山、下火海紧张刺激，扣人心弦。

竹楼上，侗族小伙子悠扬的树叶吹奏清音袅袅，绕梁不绝。看独龙姑娘纺纱织布，一派悠闲的田园风光，听摩梭小伙讲述自己的爱情故事，让人对遥远的泸沽湖充满神往。

野三坡是古代京都通往塞外的重要关隘，素有"疆域咽喉"之称，为历代兵家必争之地，龙门天关大断壁险胜千重，一夫当关，万夫莫开，峭壁之上，镌刻着历代守关将士的豪言壮语。龙

门城堡屹立于两山之间，敌楼、垛口、炮台保存完好。

金华山北侧的长城工程浩大，气势恢宏。设计独特的关城、烽火台，恰如一道铜墙铁壁，蜿蜒于山岭之中，其雄伟壮丽正是万里长城的一个缩影。

金华山南麓的千年古刹清禅寺，有保存完好的金代壁画，其色彩艳、形态各异，是不可多得的艺术珍品。寺院周围苍松翠柏，郁郁葱葱，千年银杏树仍是枝繁叶茂，果实累累。

野三坡的突出特点是"野"，景区面积分为百里峡自然风景游览区、白草畔原始林保护区和拒马河避暑疗养游乐区。"雄、奇、险、秀、幽"的奇山秀水中分布着72个景点，是一个山水泉洞、鸟兽鱼虫、林木花草、文物古迹无所不包、无所不奇的自然风景区。

这里有酷似桂林山水的拒马河风光，形如鬼斧神工的峡谷奇观，幽深奇异的溶洞，神秘离奇的怪泉，谜底难解的金华山，森林蔽日的

白草畔。

这里还有巍峨的长城、苍劲的摩崖石刻，古老的栈道、庙宇，保存完好的古智人化石和平西抗日烈士陵园。

知识点滴

古时有一年大旱，拒马河断流，方圆几十千米的百姓都赶着牲畜到十悬峡驮水，可是山里有一头野牛，也来此饮水，横行霸道，伤了不少村民。

玉皇大帝知道后，派了一条长须鲇鱼精偷偷躲进湖里。

一天，野牛又来饮水，刚一探头，鲇鱼精竖起长须，紧紧缠住野牛的双角，用力一抻，便把野牛拉进了湖里，因为湖岸特别的陡，野牛的一只犄角被摔断了，后来顺着峡谷滚落下来并竖在了前面，久而久之就形成了今天的牛角峰。

奇石集萃地——金石滩

　　金石滩位于辽宁省大连市金州区，三面环海，冬暖夏凉，气候宜人。金石滩延绵的海岸线，凝聚了数亿年地质奇观，被称为"凝固的动物世界""天然地质博物馆"，有"神力雕塑公园"之美誉。

金石滩奇石馆是我国目前最大的藏石馆，号称"石都"，内藏珍品200多种，近千件。其中的浪花石、博山文石和昆仑彩玉等均为我国之最。

金石滩号称"奇石的园林"，大片大片粉红色的礁石、金黄色的石头，像巨大的花朵分别被称为玫瑰园、金石园。

粉红色的礁石是7亿年前藻类植物化石堆积而成的。玫瑰园方圆千余平方米，由100多块高达数丈的奇巧怪石组成。涨潮时，它们衬着湛蓝的海水，像花儿开得格外惹眼。

潮落时，踏着光华如玉的鹅卵石，仿佛走进一个梦境般的世界。金石园有10000多平方米，因为是金黄色，所以称为"金石园"。

金石滩东部半岛植被繁茂、礁石林立、山海相间、景色秀美。诞

生于6亿年至9亿年前震旦纪、寒武纪的地质地貌、沉积岩石、古生物化石而今形成了玫瑰园、恐龙园、南秀园和鳌滩等天然景区和近百处景点。各种海蚀岸、海蚀洞、海蚀柱被大自然的鬼斧神工雕琢得千姿百态，神奇瑰丽。

东部海岸景区海岸虽然不长，却浓缩史前9亿年至3亿年的地球进化历史。朝海的一面望去，沉积岩石、古生物化石、海蚀崖、海蚀洞，海石柱和石林等海蚀地貌随处可见。

龟裂石像乌龟的甲壳，上面布满了巴掌大的方格，每个方格里面是红色的，边线则成绿色，是闻名中外的金石极品，被称为"天下第一奇石"。

龟裂石形成于6亿年前的震旦纪，是世界上目前发现的块体最大、断面结构显露最清晰的沉积岩标本。还有一些像大象吸水、大鹏展翅、猛虎扑食、恐龙探海、贝多芬头像等动物的造型石头比比皆是。

当然金石滩不光有石头，还有洁净的沙滩、蔚蓝的大海、碧绿的草地和茂密的森林。

金石滩东部奇石景区是金石滩自然奇石地质景观最集中的地段，共有四大景区88处景点。形象逼真的大鹏展翅、神龟寻子、刺猬觅食和恐龙探海等奇石景观矗立在海岸沿线，惟妙惟肖、栩栩如生，世界地质学界称之为"海上石林"等。

玫瑰园景区有石猴观海、猛虎回头、海龟上岸、群鲸登陆、哮天犬等；龙宫奇景有恐龙探海、贝多芬头像、将军石、相亲石、九龙画壁等。

南秀园景区除龟裂石外，还有大鹏展翅、刺猬觅食、仙人巨肘、枯木逢春、骆驼卧海等；鳌滩景区有神龟寻子、炎黄子孙、层岩叠彩、观音石等。

龙宫原是大海深处，后来由于地壳变迁，形成了海的边缘。进入海蚀溶洞中大约有20米高，涨潮时可以行舟走船；退潮时，可以徒步漫游。这里洞中有洞，洞洞相通。金石滩三面环海，四季分明，冬无严寒，夏无酷暑，海域不淤不冻，属暖温带半湿润气候，有"东北小江南"之美誉。

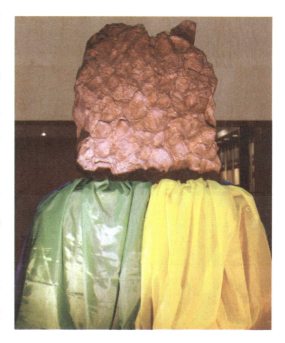

金湾高尔夫俱乐部位于东部半岛，该俱乐部依山傍海，环境清幽。

我国国际游艇俱乐部位于中心地带南部海滨，可进行大型游艇、海上帆板、海上滑翔伞比赛和海上观光游览。

金石国际狩猎俱乐部位于西部山区，建有狩猎区、小口径步枪射击场、飞碟射击场、彩弹场、射箭场和动物观赏园，可开展多种森林狩猎、射击等娱乐活动。

金石滩跑马场位于国际游艇俱乐部北侧，设有国际标准的白色木制栏杆、引道及马闸、大看台、小看台，服务楼和停车场等。

金石世界名人蜡像馆一楼为奇石馆，二楼为蜡像馆，三楼为艺术长廊，有名家书画供人们欣赏。海水浴场位于金石滩中部，蓝色的海水清澈见底，为辽南最佳海水浴场。

海滨公园与海滨浴场相连，园内疏林草地，绿草如茵，鲜花锦簇，雕塑小品与海滨景色如诗如画一般，园内彩色方砖甬道相连。

金石缘公园位于中心大街东侧，园内的石林景观形成于距今6亿年前的震旦纪晚期。长期的海进海退和潮起潮落的变化，使得岩石风化形成了千奇百怪、多姿多彩的石景，似龟、似象，被人们称之为海蚀动物园。

发现王国主题公园坐落在大连金石滩国家旅游度假区中的金石滩黄金海岸上。

"发现王国"这名字很贴切，尤其是对初次来此地的人们，站在偌大的广场举目四望，那边的身着光鲜亮丽的卡通形象刚夺了你的眼球，这方的腾越翻转的过山车又抢了你的目光；右边的尖叫声引你前去观望的时候，左边又传来了不绝于耳的赞叹声，一切都那么新鲜，一切都值得你去发现。

塞北金三角——克什克腾

　　克什克腾世界地质公园位于内蒙古赤峰市克什克腾旗，地处内蒙古高原、大兴安岭山脉、燕山山脉三大地貌结合部、中朝与西伯利亚板块对接带上，独特的地理位置，复杂的构造运动造就了美丽神奇的克什克腾旗丰富多样的地质遗迹。园区内具有10种类型的地质地貌

景观，即冰川地貌、花岗岩地貌、火山地貌、泉类地貌、峡谷地貌、湖泊景观、河流景观、湿地景观、典型矿床及采矿遗迹景观和沙地景观。

在大兴安岭支脉的北大山上，有奇特的花岗岩地貌景观，花岗岩石林地貌群形态各异，似人似物，惟妙惟肖，栩栩如生。

达里诺尔火山群地貌是我国东北地区的九大火山之一，火山锥形态各异，被称为"五大连池火山的微缩景观"。

地质公园内还有温泉、沙漠、草原、湖泊、河流、高山峡谷及大兴安岭和燕山山脉中花岗岩侵入体及矿产资源。同时地质公园内还可见到史前人类活动遗迹，保存有多处史前人类遗存。

克什克腾世界地质公园地理位置优越，自然环境好，保存的地质遗迹在国内外具有独特、稀有、典型、优美与多样性等特点，是探索高原隆升和我国北部环境演化的自然博物馆。

除了丰富珍贵的地质遗迹以外，地质公园内还有花的世界、绿的海洋贡格尔草原，大兴安岭原始森林，世界上最窄的河——耗来河等自然景观。还有百岔川岩画、金代长城金界壕、乌兰布统古战场等历史文化景观。这些自然景观秀丽优美，极具观赏和研究价值。

阿斯哈图园区位于克什克腾世界地质公园北部，景区分布着世界罕见的花岗岩地貌阿斯哈图石林。"阿斯哈图"是蒙古语，意思是险峻的岩石。

石林千姿百态，峥嵘险峻，气势磅礴，如城、如人、如兽、如塔，其发育充分的水平节理犹如堆叠起来的"天书"，记载着石林的沧桑。

园区依据山脉走势和石林分布的程度，分为4个景区。阿斯哈图花岗岩石林地貌有两个主要的特点，其一是花岗岩的层状性，出露的花岗岩呈非常好的似层状，十分类似于沉积岩层；其二是花岗岩的分布特征，这类花岗岩石林主要分布在北大山的山脊上。

花岗岩石林的发育过程与该地区的地貌演化密切相关，大致经历了3个阶段。

侵入—出露阶段：阿斯哈图花岗岩的侵入时代为晚侏罗世，距今约1.5亿年。在经历了大兴安岭的多次隆升和夷平之后，花岗岩出露于

二级夷平面上。

冰川作用—石林雏形阶段：第四纪时期，北大山地区广泛发育山谷冰川。冰川对花岗岩的刨蚀和拔蚀作用，对原有地貌进行了强烈的改造，形成了冰斗、冰蚀洼地、刃鳍和角峰等冰川地貌。

冰川在流动过程中，由于自身巨大的重量而对花岗岩产生了平行于地面的剪切力，从而导致了花岗岩中近于水平节理的发育。凡现今发育石林的位置，无一例外地都位于脊峰处，也正是冰川形成刃鳍或角峰的位置，这构成了花岗岩石林的雏形。

风化作用—石林成形阶段：形成于峰脊处的花岗岩石林雏形，在物理风化、化学作用和寒冻风化作用下，各种裂隙沿十分发育的节理逐渐扩大，并在重力作用下逐渐分解、崩塌，形成棱角分明的单个石墙、石柱等。

强烈的风蚀作用使棱角分明的石林不断圆滑，整体呈浑圆状。由于迎风面所受到的风蚀远强于背风面，所以石林大多具有一面凹一面凸的特点。

青山园区位于克什克腾地质公园东部，包括关东车景区和青山景区。形成于1亿多年前的花岗岩在风蚀、重力等外力的长期作用下形成了关东车景区内形态各异的峰林地貌，如苍鹰、似巨龙，惟妙惟肖，神采奕奕。

在青山景区平缓起伏的花岗岩石面上，分布着多个呈椭圆形、圆形或不规则半圆形的岩臼，被称作"九缸十八锅"。它们形状如臼如缸、如碗如匙、如鼓如盘、如杯如桶，全面展现了岩臼的不同发育阶段，是至今为止世界上规模最大、保存最好和类型最全的岩臼群。

花岗岩岩臼的形成与岩石特性以及该区的自然环境密切相关，岩臼形成于地下深处的花岗岩暴露地表后，诸如长石、云母等不稳定矿物极易风化，在花岗岩表面形成晶洞状的小孔。

由于该区日温差、年温差都较大，寒冻风化作用、冻融作用、冰劈作用等各种物理风化作用异常强烈，化学风化作用也很强烈。最初在岩石表面形成的小孔，由于上述作用而不断扩大。

凹坑内水的作用和风的作用，对岩臼的发育和形成有重要的影响。凹坑底部的风化物不断被风搬运走，久而久之，使得凹坑不断加

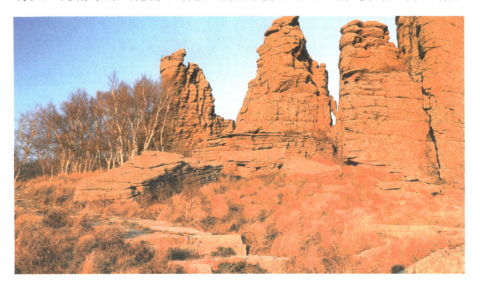

深加大，形成口大底深的岩臼。

黄岗梁园区是以大兴安岭最高峰黄岗峰为中心，园区内保存了第四纪时期发育的多期冰川遗迹，具有典型的山谷冰川地貌特征。

该园区处在蒙古植物、华北植物和东北植物区系的交会地段，生物呈多样分布，被誉为"多样性植物的基因库"。这里山高林密，适宜野生动物生存。

达里诺尔园区内的达里湖是内蒙古第二大内陆湖，有"我国的天鹅湖"之称。湖泊南端的耗来河被誉为"世界上最窄的河流"。达里诺尔火山群位于达里湖西北侧，分布各类火山口120多个，是东北九大火山群之一。

这里有宽广辽阔的熔岩台地，突兀的火山口，保存完好的火山喷气碟，大小不一的火山弹，加之形态奇特的曼陀山花岗岩地貌，一望无际的贡格尔草原，砧子山岩画和金长城遗址，形成了集湖泊、河流、沙地、草原、疏林景观于一体的综合园区。

知识点滴

900多年前，蒙古草原群雄四起，部落之间竞相笼络人才，壮大势力，相互攻伐，分疆掠地。燕山以北，水草丰茂，沃野千里，是兵家必争之地。

当地游牧民精于骑马射箭，涌现出许多壮士。他们为人忠勇，凶猛彪悍，纵横驰骋，威震中原。这些勇士多为成吉思汗所用，因为忠勇，被列为"克什克腾"，即亲兵、近卫军，跟随成吉思汗，有的用为将领，南征北战，攻城夺地；有的工于方略，出谋划策，决胜千里，为成吉思汗立下了汗马功劳。

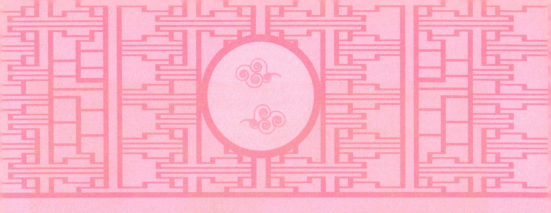

人间洞天——本溪水洞

本溪水洞风景名胜区，位于辽宁省本溪市，由水洞、温泉寺、汤沟、关门山、铁刹和庙后山6个景区组成，沿太子河呈带状分布。

远在5.7亿年时期，本溪水洞地区曾是一片汪洋大海，这时期气候

温暖，大量的笋石类，腕足类，腹足类和梯虫类动物繁殖衍生，各家族群体都顺应自然规律进行自身的更新换代，它们的躯壳由于水动力的淘洗和磨浊下沉，便沉积了不同类型的生物碳酸盐。

本溪水洞的石灰岩就是在这个时期的奥陶系下，经过岩化作用发育而成。后来由于地壳运动，海水退去，这里便缓慢地抬升为陆地。

石灰岩在地质运动中受到外力作用不断地对石灰岩进行溶蚀，日积月累，经过亿万年时间，便逐渐发育成今天的水洞。

这种溶蚀作用，至今仍在继续进行。可以想见，再经过几百万年之后，本溪水洞的奇特景观，将更为绚丽雄伟。

风景名胜区以本溪水洞为主体，融山、水、洞、泉、湖和古人类文化遗址于一体。水洞是数百万年前形成的大型石灰岩充水溶洞，洞内深邃宽阔，是世界上已发现的最长的充水溶洞，现开发地下暗河长3千米，水流终年不竭，清澈见底。

　　洞口呈半月形，进入洞口是个大厅，可容千人，大厅右侧有个300米长的旱洞，洞府高低错落，洞中有洞，各有洞天。洞顶和岩壁钟乳石多沿裂隙成群发育，呈现各式物象，不加修凿，自然成趣，宛若龙宫仙境。

　　本溪水洞分水、旱两洞，水洞深邃宽阔，一条蜿蜒5.8千米的地下长河贯穿全洞，有九曲银河之称，洞内水流终年不竭。洞内常年保持12度的恒温，四季如春。

　　旱洞现辟为古生物宫，洞外盘缘山腰的古式回廊，别具风韵的人工湖和水榭亭台，使水洞内外景观相得益彰。

　　本溪水洞是数十万年前形成的大型充水溶洞，位于本溪市东部山区的太子河畔。本溪水洞洞口坐南面北，洞口呈半月形。进洞则气势磅礴，洞内可容纳千人。洞内古井、龙潭、百步池等诸多的景观，令人遐想联翩，流连忘返。洞尽头是一泓清潭，深不见底，水气袭来，

令人凄神寒骨。

本溪得名于本溪湖，本溪湖位于市内，湖面不及15平方米，可以说是世界上最小的湖了。别看湖小，却也小有名气，曾被列入关东十景。清代同治年间处士高升先所书"辽东本溪湖"刻石于湖口，湖旁筑有慈航古寺，建于明末，梵音香火曾盛极一时。

此湖四周峰峦回抱，外阔内狭，极似犀牛角做的酒杯，故称"杯犀湖"，谐音"本溪湖"。从此，以湖名市。

本溪历史悠久，在庙后山考古发掘出的古人类文化遗址表明，在四五十万年前的旧石器时代，人类祖先就在这里繁衍生息。

通往水洞的码头，千余平方米的水面，宛如一幽静别致的"港湾"，灯光所及，水中游船、洞中石景倒映其中，使人如入仙境。洞内空气通畅，水流终年不竭，河道曲折蜿蜒，河水清澈见底，洞内分"三峡""七宫""九弯"，故名"九曲银河"。

水域沿洞体展开，而且时阔时狭，迂回曲折，洞内钟乳石、石笋

与石柱多从裂隙攒拥而出，不假雕饰即形成各种物象。这些物象光怪陆离，惟妙惟肖，形象逼真。特别是玉米塔、玉象和雪山三景，更是名实相符，几可乱真。

银河两岸钟乳林立，石笋如画，千姿百态，光怪陆离，洞顶空隆，钟乳高悬，晶莹斑斓，神趣盎然。沿河景点千姿百态，各具特色，泛舟其中，如临仙境，这是水与石浑然天成的神秘洞穴，是迄今世界上已发现的最长的地下暗河。

流经水洞的太子河是一个天然乐园，被喻为"东北第一漂"的太子河漂流险中求奇、奇中求新，沿途山环水绕，清雾流云、空蒙奇幻，充满了冒险和刺激。

幽谷鸟语生态园景区坐落在本溪水洞西侧，与本溪水洞本为一体。洞在山中，园在山上。生态园树木翁郁，品种繁多，有核桃树、桦树、松树、柞树、冷杉槐树5个资源保护区，素有"辽东树木博物馆"之称。

山中步道蜿蜒曲折，景点赏心悦目。石佛、石龙坡、天书壁、不老松、狮峰山、骆驼岭、七星场、仙人听风、峰涌莲花、连心锁和览胜台等多处景点让游人流连忘返。

铁刹山景区，又名九顶铁刹山，为东北道教发祥地。太子湖环流在山的北面，八盘岭拱卫着南面。有元始顶、真武顶、灵宝顶、玉皇顶、太上顶和锦绣顶诸峰，宛如列笏朝天。

峭壁上有清代早期摩崖，刻有"一览群山小""别有天地非人间"等大字。登山有盘道，拐70多道大弯，才达主峰。

山上有云光、日光、天冠、天桥等岩洞。以云光洞为最有名。洞内石龙、石虎等大批景物，皆天然奇景，惟妙惟肖，称为八宝，因名八宝云光洞。

明崇祯三年，也就是1630年，道教龙门派第八代弟子郭守真在此山修道戒徒，将龙门派道统弘扬光大，被称为关东道教始祖。

知识点滴

本溪水洞原名叫谢家崴子水洞，是洪钧老祖修筑在人间的宫殿。

一天，洪钧老祖把3个徒弟叫到一起训话，训斥完了，洪钧老祖从袖子里掏出了一个小葫芦，从里面倒出3粒金丹，给通天教主、太上老君和元始天尊各吃一粒。

若谁有邪念，杀害百姓，那腹中仙丹就会发作，即时要命。一天夜里，通天教主又去残害百姓。

洪钧老祖便施法术把他压在了水洞底下，让他在洞底下吐水，水涌出了地面。从此，水洞的水，旱天不干，雨天不涝，始终一个样儿！